"十三五"职业教育部委级规划教材

Adobe Illustrator
服装款式图绘制技法

郭 锐◎主 编

孔令奇 张 珣◎副主编

Adobe Illustrator

FUZHUANG KUANSHITU HUIZHI JIFA

国家一级出版社 中国纺织出版社 全国百佳图书出版单位

内 容 提 要

Adobe Illustrator 作为全球著名的矢量图形软件，功能强大、用户界面便捷，其最大特点是钢笔工具的使用，使得操作简单、功能强大的矢量绘图成为可能。它还集文字处理、上色等功能于一身，在设计领域广泛使用。将 Adobe Illustrator 软件操作引入服装款式绘制中，极大地提高了设计的准确性与多样性。本书收集了大量的市场调研信息，根据专业课程设置要求和服装款式图绘制技法课程标准进行编写，打破了以往服装款式图和计算机表现技法互相独立的教学方式，将二者融为一体，具有较强的针对性与实用性。本书从软件基本操作知识着手，通过大量服饰款式绘制实战练习，以及典型案例的实际操作展示，帮助读者快速掌握常用的服装款式绘制技法，达到设计开发的专业要求。

本书图文并茂，内容由浅入深，步骤详细，易于学习，适合高等院校纺织服装专业学生学习参考，也可供服装设计师和服装爱好者阅读参考。

图书在版编目（CIP）数据

Adobe Illustrator 服装款式图绘制技法 / 郭锐主编 . -- 北京：中国纺织出版社，2019.1（2025.5 重印）

"十三五"职业教育部委级规划教材

ISBN 978-7-5180-5477-0

Ⅰ . ① A… Ⅱ . ①郭… Ⅲ . ①服装设计—计算机辅助设计—图象处理软件 —职业教育—教材 Ⅳ . ① TS941. 26

中国版本图书馆 CIP 数据核字（2018）第 231670 号

策划编辑：张晓芳 责任编辑：尤莹莹
责任校对：王花妮 责任印制：何 建

中国纺织出版社出版发行
地址：北京市朝阳区百子湾东里A407号楼 邮政编码：100124
销售电话：010 — 67004422 传真：010 — 87155801
http://www.c-textilep.com
中国纺织出版社天猫旗舰店
官方微博http://weibo.com/2119887771
北京通天印刷有限责任公司印刷 各地新华书店经销
2019年1月第1版 2025年5月第7次印刷
开本：787×1092 1/16 印张：10
字数：250千字 定价：58.00元

前　言

在历史的发展中，每次艺术与科技的融合都会促进艺术的迅速发展，在信息时代的 21 世纪，科技的发展已经影响到了生活的各个领域。随着计算机和互联网的全球普及，数字技术的出现和飞速发展彻底颠覆了设计的表现方式。同时设计表现也为数字技术不断革新起到了推动作用。

在当今服装设计领域，服装设计艺术表现也积极地与计算机信息化设计相结合，采用计算机软件进行设计表现，这也成为现代设计师必备的专业素质。当前服装设计绘制应用软件主要有Photoshop、Illustrator、CorelDRAW 以及一些服装 CAD 公司开发的软件。Adobe Illustrator 作为全球著名的矢量图形软件，以其强大的功能和体贴用户的界面，已经占据了全球矢量编辑软件中的大部分份额。它的最大特征在于钢笔工具的使用，使得操作简单、功能强大的矢量绘图成为可能。它还集成了文字处理、上色等功能，在设计领域适用范围极为广泛。将 Adobe Illustrator 软件操作引入到服装款式绘制技法的表现中，能够极大地推动设计者进行艺术表现的准确性与多样性。

在本书的编写过程中收集了大量市场调研的信息，根据专业课程设置要求和服装款式图绘制技法课程标准进行编写，打破了以往服装款式图和计算机表现技法相对独立的教学方式，将二者融为一体，具有较强的针对性与实践性。本书从软件基本的操作知识着手，逐步深入。通过大量服饰款式绘制实战练习进入到典型案例的实际操作展示。帮助读者快速掌握常用的服装款式绘制技法，达到设计开发的专业要求。

本书由河南工程学院郭锐老师策划并负责全书的统稿和修改工作，撰写了第二章第三节、第四节和第三章第一节、第二节、第三节；中原工学院孔令奇老师对书中的文字部分做了重要修改并完成了第一章和第二章第一节、第二节的编写；河南工程学院张珣老师主要参与第二章第四节的编写；河南工程学院霍雅蕊老师参与了第三章第四节、第五节和第四章的编写。在这里要特别感谢中国纺织出版社为此书提供的大力支持。另外还要感谢参与图片整理工作的李梦楠、徐亚星和王沛同学。

本书的编写过程是一个漫长且艰辛的过程，也是一个学习和成长的过程，在编写的过程中，我们广泛地收集资料，精心地进行选择和梳理，尽力做到完善，但由于时装款式更新速度之快和编写思路、视野的局限，书中不免有欠妥和疏漏之处，请各位专家和读者批评指正。

编者

2018年3月

目录

CONTENTS

第一章

Adobe Illustrator

服装款式图绘制技法概述

本章内容：1. Adobe Illustrator 绘图知识。

2. 服装款式图的绘制要领与过程。

教学课时：4 ~ 6 课时

教学方式：理论教学

教学目的：使学生了解 Adobe Illustrator 软件基本知识；掌握电脑绘制

款式图的要领及过程，避免款式图绘制过程中的常见错误。

第一节　Adobe Illustrator 绘图知识

Illustrator 是 Adobe 公司著名的矢量图形处理软件，可用于印刷排版、绘制插图、多媒体及 Web 图像的制作和处理。在服装行业，越来越多的服装从业人员运用 Illustrator 绘制服装设计效果图和服装款式图。Illustrator 以其便捷实用的功能以及友好的操作界面深受广大设计师的欢迎，在实际的设计过程中，Adobe Illustrator 也常与重要图像处理软件 Adobe Photoshop 搭配使用，并能共享一些插件和功能，实现无缝连接。

一、图形、图像基础知识

掌握图形、图像基础知识，理解图形、图像相关的专业术语及概念，是学习电脑绘图软件的基础。图形、图像的基础知识包括位图与矢量图、分辨率、文件格式等，只有掌握这些知识才能在图形处理及后期应用中更加熟练地进行操作。

（一）位图与矢量图

计算机图形、图像主要分为两类：一类是位图图像，一类是矢量图形。Illustrator 是典型的矢量图形处理软件，但也可以处理置入的位图图像。

1. 位图

位图也称点阵图，它是由许多点组成的，这些点称为像素。当许多不同颜色的点组合在一起后，便构成了一幅完整的图像。像素是组成图像的最小单位，像素越多，文件越大，图像的品质越好。位图图像与分辨率有很大的关系，它所包含的图像像素数目是一定的，如果在以较大的倍数放大显示图像，或以过低的分辨率打印，位图图像会出现锯齿边缘，不清晰。

2. 矢量图

矢量图是以数学矢量的方式来记录图像内容，以线条和色块为主。由于它与分辨率无关，它最大的优点是无论放大、缩小或旋转都不会失真，最大的缺点是难以表现色彩层次丰富且逼真的图像效果。这种矢量文件所占的空间很小，运行和绘制速度快，是绘制服装款式线稿图的最佳选择。

（二）分辨率

分辨率与位图图像有关，是决定图像品质的重要因素。测量单位是像素 / 英寸（ppi）。每英寸的像素越多，分辨率就越高。分辨率越高代表图像品质越好，越能表现出更多的细节，因为记录的信息越多，文件也就会越大，如图 1-1-1 所示。另外，假如图像分辨率较低，图像就会显得粗糙，特别是把图像放大观看时，如图 1-1-2 所示。所以在图片创建期间，必须根据图像最终的用途设置正确的分辨率。

图 1-1-1　300 分辨率的款式图

图 1-1-2　低分辨率的款式图

（三）常用文件格式

在 Illustrator 中，文件的保存格式有很多种，不同的图像格式有各自的优缺点。Illustrator 支持 20 多种图像格式，下面针对其中常用的几种图像格式进行具体讲解。

1. AI

AI 格式是 Illustrator 软件所特有的矢量图形存储格式。在 Illustrator 中图像默认保存为 AI 格式，它的优点是占用硬盘空间小，打开速度快，格式转换方便。

2. TIFF

TIFF 格式是一种无损压缩格式，可以把文件中某些重复的信息采用一种特殊的方式记录，文件可完全还原。优点是图像质量好，兼容性高，缺点是占用空间大。因此，TIFF 格式通常用于较专业的用途。

3. JPEG

JPEG 格式是一种有损压缩的网页格式。最大的特点是文件比较小，可以进行高倍率的压缩，因此在注重文件大小的领域应用广泛。

4. PNG

PNG 格式图片的特点是无损压缩、清晰、可渐变、可透明，但是不如 JPEG 格式的图片颜色丰富，是最适合网络的图片，所以 PNG 格式的图片在网站设计上被广泛应用。

二、软件介绍

Illustrator 是一款标准的矢量图绘制软件，其强大的系统性能提供了多种形状、颜色、复杂效果和丰富的排版，方便设计师尝试各种创意并传达创作理念。同时它的兼容性很强，可以和 Photoshop 搭配使用，是设计师的必备软件之一。

Illustrator 作为一款优秀的矢量制图软件，它的应用非常广泛，在平面设计、插画设计、网页设计等领域都能够看到它的身影。

（一）逼真的纯美术作品、插画设计

Illustrator 广泛应用于纯美术作品、插画的设计创作，该类创作要求的艺术性和创造力较高，纯美术作品利用 Illustrator 强大的网格编辑工具来绘制出具有逼真效果的图形，而矢量图形则是利用曲线绘制及编辑命令将各个区域的图形绘制出来，并填充不同的图案或色彩，适合插画和服装设计作品的绘制。

（二）平面广告设计

Illustrator 凭借完善的绘图功能，尤其是强大的钢笔工具和实时上色工具，在平面广告设计中发挥着巨大的作用，可以说平面广告设计是 Illustrator 应用最为广泛的领域。无论是印刷媒体上的精美广告还是街上看到的招贴或海报，这些平面印刷品很多是使用 Illustrator 软件对其进行绘制处理的。

（三）包装设计

包装设计也可通过 Illustrator 来实现，包装设计是一门综合性较强的专业设计领域。设计者可以运用 Illustrator 将图形与文字进行完美结合，添加细节部分的图形和文字来说明产品的特点。

（四）UI 界面设计

Illustrator 同样可以完成 UI 界面的设计与制作，Illustrator 凭借其强大的渐变工

具、透明工具，以其丰富的符号效果及直观的编辑功能，为 UI 界面设计提供了强大技术支持。

三、工作界面与基本操作

（一）工作界面

启动 Illustrator 后，即可看到基本工作界面，如图 1-1-3 所示。Illustrator CC 的基本工作界面主要包括菜单栏、工具栏、属性面板、绘图工作区和面板组五个部分。下面详细介绍 Illustrator CC 各部分工作界面的功能。

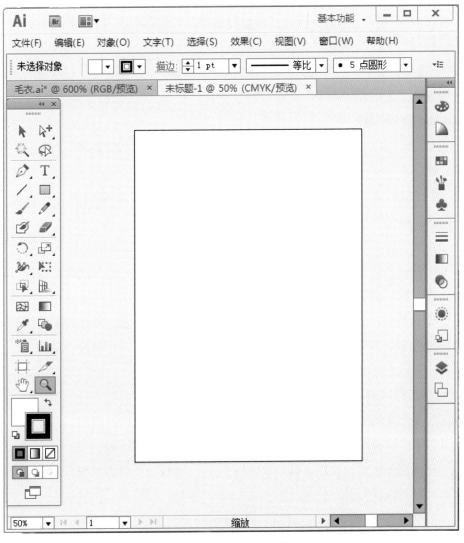

图 1-1-3　Illustrator CC 界面

1. 菜单栏

菜单栏位于界面的最上方，主要包括"文件""编辑""对象""文字""选择""效果""视图""窗口""帮助"九个菜单。各菜单命令包含很多子命令，下边主要介绍用于绘制服装款式图的子命令。

（1）"文件"菜单。包含文档的"新建""打开""存储为""置入""导出"等。

（2）"编辑"菜单。包含文档编辑类操作命令，如"复制""粘贴"等，"编辑"菜单中常用的命令，一般使用快捷键完成相应操作。

（3）"对象"菜单。包含对象元素的操作命令，"编组""锁定""全部解锁""扩展""图案""实时上色"等。

（4）"文字"菜单。包含与文字相关的命令，文字菜单中命令一般是通过使用工具栏中的"文字"工具及属性面板中的命令来实现。

（5）"选择"菜单。包含各种选择对象的命令，一般通过使用工具栏中的"选择工具""直接选择工具"完成相应操作。

（6）"效果"菜单。包含 Illustrator 效果和 Photoshop 效果两部分，服装款式图面料质感的表现通常是使用"效果"命令完成，包括"变形""扭曲和变换""风格化"以及 Photoshop 效果中的所有命令。

（7）"视图"菜单。包含当前文档显示内容的相关命令，如"轮廓""标尺""智能参考线"等。

（8）"窗口"菜单。包含显示或隐藏面板以及相关面板排列的命令，如"图层""描边""渐变""符号""路径查找器""透明度""画笔库"等。

2. 工具栏

在 Illustrator 中，工具栏中集中了常用的工具，熟练掌握它们并配合快捷键可以加快操作速度。默认情况下工具栏在窗口左侧，当把鼠标放置在工具上方时，工具的具体名称会显示出来。在 Illustrator 中，同类的工具会被编在一起，其典型的特征就是在各工具图标的右下方有一个黑色小三角图标。在工具图标上按住鼠标左键约 2 秒，就会显示出该工具中隐藏的同类其他工具，如图 1-1-4 所示。

3. 绘图工作区域

当新建一个文档时，画面中白色区域即是绘制图形的画板。使用工具栏中"画板工具"可以调整面板大小和位置，并能够创建任意大小的画板。

（1）更改画板大小。使用工具栏"画板工具"，画板边框将以虚线显示，用鼠标拖动角点即可更改画板大小。

（2）新建画板工具。使用工具箱中的"画板工具"在灰色区域拖动鼠标，即可新建一个画板，此时画面中会显示两个画板。

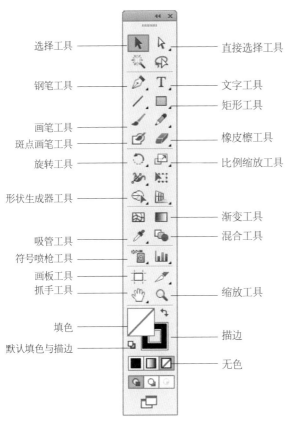

图 1-1-4　工具栏

4. 属性面板

属性面板位于菜单栏下方，工作区上方。属性面板内容并不是固定不变的，它是配合工具栏中各种工具使用的，当选择的工具不同，属性面板显示的内容也不同。如图 1-1-5 所示，显示分别是"默认属性面板""锚点属性面板""字符属性面板"。

5. 面板组

面板默认状态下是折叠的。可根据实际需要对其展开、分离或组合。面板组可以根据需要，快速展开，提高工作效率。

图 1-1-5　属性面板

（二）基本操作

1. 文档的基本操作

文档操作是最基本的操作，主要包括新建文档、存储文档、置入文件等，下面对它们进行具体介绍。

（1）新建文档。选择菜单栏"文件""新建"命令，弹出"新建文档"对话框，如图 1-1-6 所示，常见参数设置如下：

①名称：在此可输入新建文档的名称，如果未输入，也可以在存储时命名。

②画板数量：默认状态下画板数量为 1，可以手动输入数值，增加画板数量。

③大小：用于设置新建文档的尺寸，单击右边的下拉按钮，可以选择系统设置的尺寸，也可以自定尺寸。

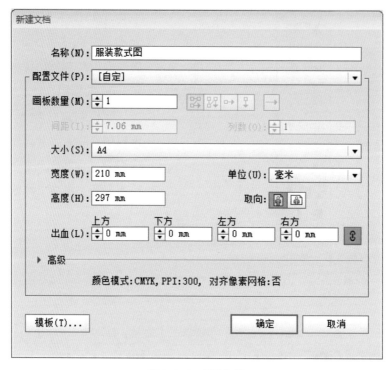

图 1-1-6　新建文档

（2）打开文档。选择菜单栏执行"文件""打开"命令，弹出"打开"对话框，选中需要打开的文件，单击"打开"按钮，即可打开选择的文件。

（3）保存文档。绘制的图形需要保存时，可以执行菜单栏"文件""存储为"命令，弹出"存储为"对话框，第三项保存类型有很多文件格式，通常选择 AI 格式即可。

（4）置入文件。在使用 Illustrator 进行设计制作时，"置入"命令可以将位图图形放入文档中，比如一幅面料图案、一幅花纹图案等。执行"文件""置入"命令，弹出"置入"对话框，选择需要置入的文件。文件置入画板以后，务必点击属性面板中的"嵌入"，嵌入以后，即便原位图丢失，文档中的位图也不会受影响。

（5）导出文档。菜单栏中"导出"命令可以将当前的文档格式转换成其他文档格式。执行"文件""导出"命令，通常情况下选择"JPEG"格式、"TIFF"格式、

"PNG"格式等。

2. 辅助工具的使用

在菜单栏"视图"命令下提供了"标尺""智能参考线""轮廓"等辅助工具，这些工具可以帮助使用者对绘制和编辑的图像进行精准定位。

（1）标尺。菜单栏中执行"视图""标尺""显示标尺"命令，会在文档的上方和左侧出现带有刻度的标尺。标尺可以对图形进行精准定位，还可以测量图形的准确尺寸。

（2）参考线。在 Illustrator 中，参考线用于确定图形的位置。参考线分为普通参考线和智能参考线两种，其中普通参考线介绍如下：将鼠标指针置于水平标尺（或垂直标尺）上，按住鼠标左键不放，向页面中拖动即可创建一条水平（或垂直）参考线。执行"视图""参考线""清除参考线"命令，即可删除全部参考线。

（3）轮廓。当绘制的图形比较复杂，且多个图形重叠交错在一起时，为便于选择图形路径、编辑图形，可以执行"视图""轮廓"命令，此时图形会以线稿的形式显示。执行"视图""预览"命令，即可恢复最初状态，如图1-1-7所示。

图1-1-7 预览轮廓命令

第二节　服装款式图的绘制要领与过程

一、服装款式图的绘制要求

服装款式图与效果图在形式上存在本质的区别。在服装的开发过程中，服装款式图是制板、样衣、修板、生产的依据，在表现上，除了要遵循一定的美学原则外，款式图要求绘制精确、规范，注重对服装功能及工艺结构的表现。所以与服装效果图相比，绘制款式图时要将服装的省道、结构线、明线、面料等表达清楚，展示出服装的结构和服装设计的意图。

（一）线条精确

服装款式图要求线条要平直均匀，光滑细腻，必要的弧线必须符合服装的具体结构，切忌想当然，否则会对服装板型造成不同理解。款式图中的线条应该是肯定的、准确的，不能模棱两可。要做到每一条线都说明一个问题，都是不可或缺的存在。严谨的态度是款式图绘制的必要条件，大到服装结构的分割，小到纽扣的大小和多少，都要仔细推敲。

（二）结构清晰

服装款式图是设计效果图的进一步理性说明，所以在效果图或者时装画当中所创作的造型结构都需要在服装款式图里进行合理的绘制，结构要合理准确，特别是对服装部件与工艺的表达。服装结构的表现要以设计为依据，体现为尊重设计、尊重创新性，更要尊重生产加工的现实需要，不切实际的结构设计只会带来加工流程的复杂化和服装终端理想满意度的降低。

（三）比例合理

严格的服装款式图比例尤为重要，在绘制时首先根据人体的基本比例来确定框架，再根据设计图的造型要求处理轮廓和结构分割。服装款式图的比例应注意"从整体到局部"，调整好服装的整体与局部的比例以及局部与局部的比例。如服装的肩宽与衣身长度之间的比例、裤子的腰宽和裤长之间的比例、领口和肩宽之间的比例、腰头宽度与腰头长度之间的比例等。

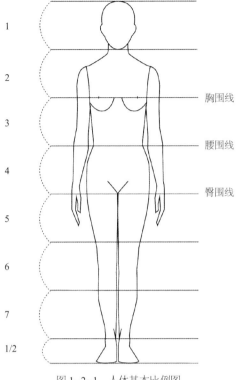

图 1-2-1　人体基本比例图

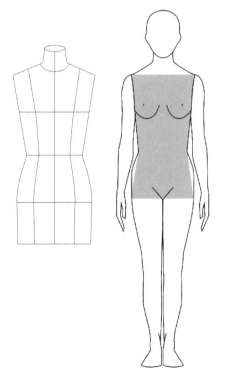

图 1-2-2　基础模板

二、服装款式图的绘制比例

服装款式图的比例是根据人体比例和款式造型来确定。在绘制服装款式时首先要了解人体比例，人体比例可以通过绘制标准人体图，以此作为绘制所有服装款式图的基础模板。人体的长度约为头部的 7.5 倍，躯干部分长度为头部的 4 倍，下肢长度为头部的 3 倍，如图 1-2-1 所示。

根据人体比例图，把人体的躯干部分概括成几何图形，由此形成简化的人体躯干模板。绘制服装款式图时，为了保证比例正确，可以依据模板，结合具体造型绘制就可以了，如图 1-2-2 所示。

三、服装款式图绘制中常见问题分析

服装款式图不要过多专注于艺术表现。因为服装款式图不是表达自我设计风格的载体，其表现尽可能简单、清晰和准确地传递服装轮廓线及结构线等信息。绘制款式图必须抓住款式特点，了解服装款式图的绘制要求，区别绘图的要素与非要素。下面就服装款式图绘制过程中遇到的问题进行一些提示和建议，通过对典型款式进行分析，指出常见的绘制错误。

（一）衣领常见问题

1. 有领款式

在服装款式图的绘制过程中，领子是最容易出错的部位。以青果领为例，讲述绘制衣领时常见的问题，图 1-2-3 为领子款式图的正确绘制方法；图 1-2-4 忽视了服装面料本身存在的厚度，一般情况下服装面料越厚，距离越大，反之亦然；图 1-2-5 把领线与肩线连在一起，由于领子翻折后落在肩线上，正确的表现应该是肩线略低一点，一般情况下面料越厚，领线与肩线错位越大，反之亦然；图 1-2-6 与图 1-2-7 共同的问题是领底线与肩线错位，领底线太高或太低都不是正确的表现方法。在绘制领子款式时，要注意服装结构、衣片之间的关系以及面料的厚薄对服装款式的影响。

图 1-2-3　青果领（正确）

图 1-2-4　青果领（错误）

图 1-2-5　青果领（错误）

图 1-2-6　青果领（错误）

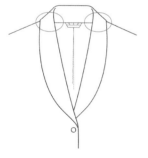

图 1-2-7　青果领（错误）

2. 无领款式

无领款式的服装后领口的轮廓线通常是弧线，主要是为了穿着舒适和便于颈部活动。以下为无领款式设计容易出现的问题，例如将后领口画成直线或凸形，如图 1-2-8 ~ 图 1-2-10 所示。

图 1-2-8　无领（正确）

图 1-2-9　无领（错误）

图 1-2-10　无领（错误）

（二）搭门与前中心线常见问题

门襟处扣子一般应在前中心线上，即领子中心、门襟相交处、扣子三者在一条垂直线上，如图 1-2-11 ～图 1-2-13 所示。

图 1-2-11　搭门（正确）　　　图 1-2-12　搭门（错误）　　　图 1-2-13　搭门（错误）

（三）腰头常见问题

裙子和裤子的腰头上口线一般画成直线或弧线，如果裙子选用悬垂性很强的织物，可以将腰头画成直线，如果画成弧线，注意不要只是将其中一条线画得过于凹陷或凸起，应该是前、后腰线画对齐。如果不是波浪边的裙子，底边线通常画成图示的状态，这样便于制板师理解，如图 1-2-14、图 1-2-15 所示。

图 1-2-14　腰头（正确）　　　　　　　　　图 1-2-15　腰头（错误）

（四）袖子常见问题

绘制袖子时要正确理解袖子的结构，结构不同会使袖子形成不同的外观效果。常见的袖子变化部位集中在袖山、袖身、袖口。袖山的变化主要有装袖、插肩袖、连身袖，袖山的变化与结构的关系最为密切。而袖身、袖口的变化与结构的相关性较小，需要理解袖子穿着或者平铺的透视效果，如图1-2-16、图1-2-17所示。

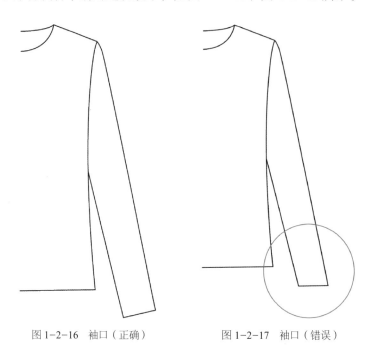

图1-2-16 袖口（正确）　　　　图1-2-17 袖口（错误）

四、服装款式图的绘制步骤

（一）建立人体模板

依据人体结构与比例，绘制基础人体模板，如图1-2-18所示，人体结构非常复杂，但可以把人体主要部位概括为几个几何形，由此提炼出简化的上衣和下装模板。人体模板的绘制依据前面章节的人体比例，绘制时可以省略手臂，但要注意肩宽线、腰围线、臀围线的宽度比例，以及肩宽线、胸围线、腰围线、臀围线间隔长度比例。模板比例是否正确，将直接影响服装款式图的绘制。

（二）绘制服装款式主要轮廓线

用实线绘制款式图的轮廓。首先绘制领子的基本形及门襟线，再从肩部起，按肩线、侧缝线、衣摆线的顺序绘制外轮廓，最后绘制袖子。由于AI绘制款式图可以镜像复制，对于左右对称的款式图，只需绘制一半即可，如图1-2-19服装轮廓。

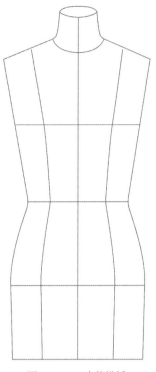
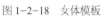

图 1-2-18　女体模板

图 1-2-19　服装轮廓

（三）绘制细节

接下来就进入细节绘制阶段，细节部件包括纽扣、腰带、装饰品、褶纹和明线等，细节绘制完毕后，款式图的绘制就已初步完成，服装细节如图 1-2-20 所示。

（四）绘制背面款式图

正面款式图绘制完成后，由于背面和正面款式轮廓基本一致，所以复制一份正面款式图，在正面款式图的基础上，按照实际的造型，通过删除线段和增加线段，绘制背面款式图。背面款式图同样要严谨规范，因为很多设计点在背部也同样有体现。

图 1-2-20　服装细节

（五）款式图表现面料效果

款式图线稿绘制完成以后，给款式图施加颜色。对于特殊面料，比如牛仔、针织、毛皮等，需要制作面料肌理，全部调整完毕后，服装款式图绘制完成，服装质感如图1-2-21所示。

1-2-21　服装质感

第二章

Adobe Illustrator

服装款式图绘制技法

本章内容： 1. 基本操作。

2. 服装款式图的零部件绘制技法。

3. 服装款式图整体绘制技法。

4. 服装款式图的图案与肌理绘制技法。

教学课时： 20 ～ 30 课时

教学方式： 理论教学、实践教学

教学目的： 使学生充分掌握 Adobe Illustrator 软件的使用方法，理解款
式图部件及整体的绘制要领，掌握各种图案的绘制技法以
及镂空、牛仔、针织、毛衣、粗花呢、纱、毛皮、羽绒等
面料肌理的表现技法。

第一节　基本操作

一、依托基础模板的绘制技法

在初步接触款式图时，由于对于服装结构、比例知识掌握不够扎实，绘制的款式图比例很容易失调，所以通常情况下在款式图绘制的初始学习阶段，为了保证款式的结构比例正确，可以依托基础模板绘制。

二、快速设计表达技法

当我们熟练掌握了绘制款式图技法以后，可以放弃使用基础模板，毕竟使用模板绘制款式图有一定的局限性。快速表达服装款式图不需要依托基础模板，仅依靠几条关键的参考线就可以绘制出款式图，如图 2-1-1 所示。当对服装的比例及服装各个部件之间的关系能够完全把握后，可以不用参考线直接绘制款式图，如图 2-1-2 所示。

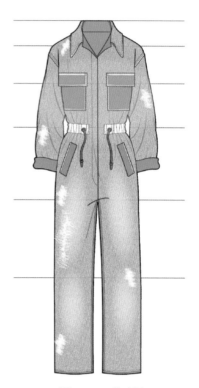

图 2-1-1　款式图

图 2-1-2　款式图

第二节　服装款式图的零部件绘制技法

服装款式图的绘制是各个部件间相互连接呼应而形成的一个整体，除廓型线以外，必须依靠各种内部结构来支撑。服装内部结构包括领子、袖子、腰部、下摆、门襟、口袋、装饰物等部件，还包括分割线、省道线、褶裥线等。掌握服装内部结构的比例分割和各个局部造型的绘制技法是非常重要的。

一、衣领绘制技法

（一）绘制要领

衣领是服装上至关重要的部分，它是视线集中的焦点。衣领绘制是以人体颈部的结构为基准，通常情况下要参照人体颈部的三个基准点，即，颈前中点、侧颈点、肩端点。衣领的类型主要有无领、立领、翻领、翻驳领等。无领，基本不受结构的限制，根据造型确定领口宽、领口深，可以随意设计，如图 2-2-1 所示；立领，结构简单，

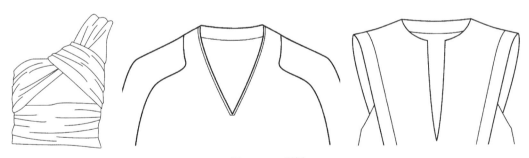

图 2-2-1　无领

无需翻折，装领线、领外口线、立领高度、倾斜程度决定领子是否合理，如图 2-2-2 所示；翻领，由领座、领面构成，通常情况下翻折

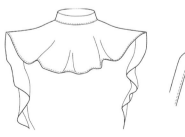
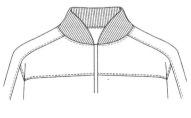

图 2-2-2　立领

线、领面决定领子的外观，如图 2-2-3 所示；翻驳领，结构较复杂，通常情况由翻领和驳领组成，翻折线、翻领领面、驳领决定领子的外观，如图 2-2-4 所示。

图 2-2-3　翻领

图 2-2-4　翻驳领与其他领型

（二）绘制技法

【案 例 一】无领的绘制

【使用工具】锁定工具、钢笔工具、移动画面、"Ctrl+Z"键、选择（直接选择）工具

1. 打开人台

单击"菜单栏"中的"文件"命令，从下拉菜单中选择"打开"，从随书网络教学资源中打开第二章第二节"人台"文件，如图 2-2-5 所示。

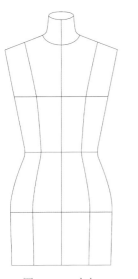
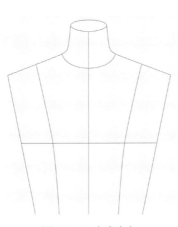

图 2-2-5　人台　　　　　图 2-2-6　灰度人台

2. 调整人台

单击工具栏中的 "选择工具"，单击人台的任意一条线（人台呈绿色显示，表明人台被选择），保证人台处于选择状态，在属性面板中，不透明度数值调整为 35%，用鼠标单击任意空白处，此时人台变成灰色，透明度被降低，如图 2-2-6 所示。

3. 锁定人台

用工具栏中"选择工具"单击人台任意一条线选择人台，保证人台处于选择状态，单击菜单中的"对象"命令，从下拉菜单中选择"锁定""所选对象"，此时人台被锁定，不能被编辑。此项操作目的是为了绘制款式图时，防止人台与款式图线条混合在一起。

4. 填色和描边

在正式绘制之前，简单介绍下"填色"和"描边"的使用方法。单击工具栏左下方 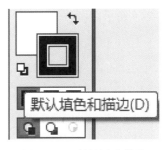 "默认填色与描边"，如图 2-2-7 所示两个重叠的小图标，再次单击白色方框（填色），最后单击下方的 "无"，此时"填色"方框出现斜杠，"描边"为黑色，如图 2-2-8 所示。此项操作目的是使后续绘制图形时没有填色，只有描边。接下来我们绘制所有图形时，首先进行此项操作。如果双击"填色"或"描边"则会弹出"拾色器"对话框可以选取颜色。

图 2-2-7　默认填色与描边

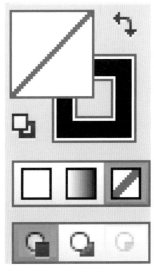

小贴示

①把锁定的图形解锁：单击菜单中的"对象"命令，从下拉菜单中选择"全部解锁"。

图 2-2-8　默认填色与描边

②如果需要给图形施加颜色，双击"填色"（白色方框），在弹出的"拾色器"对话框中，选择一种颜色即可。

③如果在绘制图形过程中，画过的线段不显示，说明"描边"没有设置颜色，双击"描边" 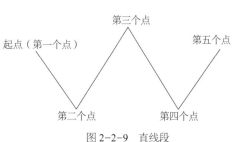，在弹出的"拾色器"对话框中，选择一种颜色即可。

④在绘制过程中，如果"填色"有颜色的话（默认是白色），绘制的线段可能会被挡住，所以通常情况下我们把"填色"设置为"无 "。

5. 绘制线段

（1）单击"工具栏"中的 "钢笔工具"，此时"钢笔工具"被选择，在空白处点击鼠标左键画出线段的起点（第一个点），再次单击第二个点画出一条线段，再次单击第三个点再画出一条线段，依次再单击第四个点、第五个点后，按住键盘上的"Ctrl"键不松，单击任意空白处，完成此次绘制，如图2-2-9所示。

图 2-2-9　直线段

（2）再次选择"钢笔工具"绘制。在空白处点击绘制第一个点，在右下方位置再次单击鼠标绘制第二个点时不要松开鼠标左键，向右拖动鼠标，此时直线段变成曲线，如图 2-2-10 所示。在第二个点两边出现"手柄"，"手柄"是用来控制线段弯曲程度，不是实际绘制的线段。松开鼠标左键，用同样方法继续点击第三个点绘制曲线，如图2-2-11 所示。最后按住键盘上的"Ctrl"键，单击任意空白处结束绘制。

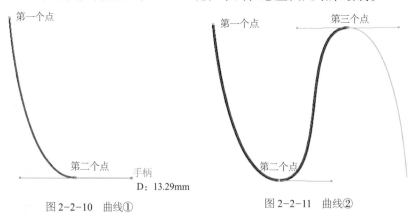

图 2-2-10　曲线①　　　　　　　　　　图 2-2-11　曲线②

（3）绘制曲线与直线的混合线段。选择"钢笔工具"，首先单击绘制第一个点，然后单击绘制第二个点同时不要松开鼠标左键，拖动鼠标调整形状，松开鼠标左键，单击绘制第三个点同时不要松开鼠标左键，拖动鼠标调整形状，松开鼠标左键。用鼠标再次单击第三个点（锚点），此时第三个点右边"手柄"消失，然后单击绘制第四个点，不拖动鼠标，将画出的是直线段（如果继续拖动鼠标，将继续画出曲线），如图 2-2-12 所示。即在绘制曲线过程中，在刚绘制的锚点上再次单击，会使一侧手柄消失，手柄是用来控制曲线形状的，一旦手柄消失，接下来绘制的便是直线段。

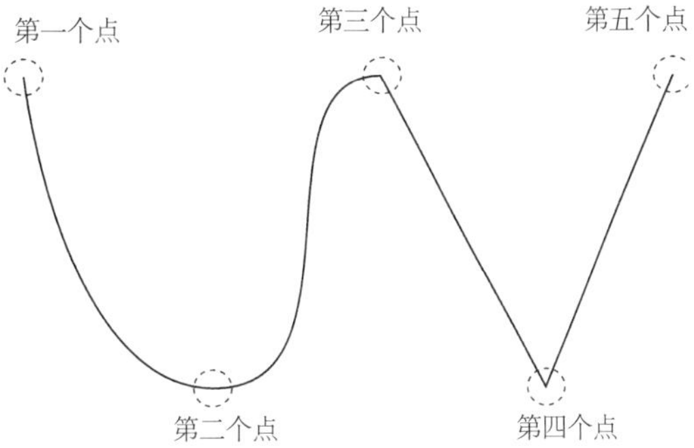

第一个点
第三个点
第五个点
第二个点
第四个点
图 2-2-12　曲线直线混合线段

6. 删除线段

单击鼠标左键不松，拖动鼠标框选刚刚绘制的所有线段，按下键盘上的“Delete”键删除。

小贴示

①放大显示图形：在工具栏中选择 “缩放工具”，使用时单击要放大的区域即可；

②缩小显示图形：在工具栏中选择 “缩放工具”，按住键盘“Alt”键不松，单击要缩小的区域即可；

③当图形绘制错误，回到上一步：按住键盘“ Ctrl”键不松，点击“Z”，即可回到上一步，多次点击“Z”，即可返回多步，此工具在绘制款式图中会经常用到，请大家务必牢记。

④移动画面：按住键盘“ 空格”键不松，鼠标变成抓手，按住鼠标左键不松，拖到鼠标即可移动画面，此工具在绘制款式图中会经常用到，请大家务必牢记。

⑤钢笔工具是绘制款式图的主要工具，请大家在正式绘制款式图之前，自行练习。

7. 设置颜色

首先保证“填色与描边”是处于此种状态“ ”，如果描边也显示斜杠，则双击“描边”，在“拾色器”里选择黑色。此状态表明绘制图形不用填色，只是描边。

8. 绘制前领口线

选择“工具栏”中的“钢笔工具”绘制，如图 2-2-13 无领款式图①中前领口线，单击绘制第一个点，再单击绘制第二个点，同时不要松开鼠标左键，水平向右拖动鼠标，把曲线调到合适

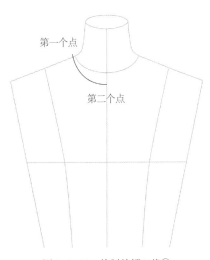

第一个点
第二个点
图 2-2-13　绘制前领口线①

位置后松开鼠标左键。按住键盘上的"Ctrl"键不松开，单击任意空白处，前领口线绘制完成。

9. 调整曲线

如果曲线绘制完成后形状不合适，如图 2-2-14 所示，有三种解决方法，第一种：选择"工具栏"中的 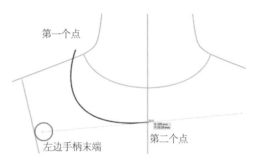 "直接选择工具"（注意它和"选择工具"的区别），单击第二个锚点，此时锚点两边出现手柄，用"直接选择工具"单击左边手柄的锚点，同时不要松开拖动鼠标左键，此时曲线形状会发生变

图 2-2-14　调整曲线

化，调整到合适位置即可，如果是锚点位置不合适，仍然用"直接选择工具"单击锚点，拖动鼠标，锚点即会移动。"直接选择工具"可以选择图形的局部线段、锚点、手柄等，"选择工具"选择的是整个图形，不能对局部进行操作。第二种：按住键盘上的"Ctrl"键不松，再单击"Z"键，可以回到上一步重新绘制。即："Ctrl+Z"组合键为"回到上一步"，再次按"Ctrl+Z"键，再次回到上一步，依次类推。第三种：用"选择工具"选择该线段，按键盘上的 Delete 键删除，重新绘制。

10. 绘制肩线、侧缝线

如图 2-2-15 所示，再次用"钢笔工具"单击第一个点，单击第三个点，单击第四个点，同时不要松开鼠标左键拖动鼠标，曲线调整到合适位置松开鼠标左键，由于接下来要画的为直线段，需要在第四个点上再次单击一下，消除其左下方手柄，然后点击第五个点，按住键盘上的"Ctrl"键不松，单击任意空白处，此线段绘制完成。

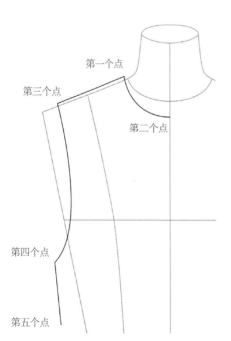

图 2-2-15　绘制肩线、侧缝线

11. 调整

锚点位置不合适，用"直接选择工具"单击锚点，按住鼠标左键移动即可，或者用"直接选择工具"单击锚点，按键盘上的方向键可以移动锚点；如果曲线弯曲度不合适，用"直接选择工具"单击锚点，手柄会显示出来，用"直接选择工具"单击手柄末端调整手柄即可。

12. 绘制袖窿

如图 2-2-16 所示，用"钢笔工具"单击

第三个点，再次单击第四个点拖动鼠标画出曲线，按住键盘上的"Ctrl"键不松，单击任意空白处，此线段绘制完成。

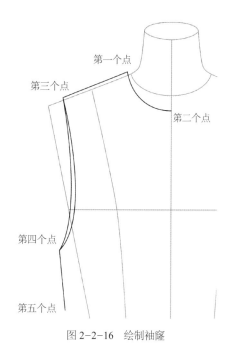

图 2-2-16　绘制袖窿

小贴示

①当图形或线段绘制完成后，需要调节锚点位置或曲线时，具体方法如下：用"直接选择工具"单击要改变的"锚点"，按住鼠标左键不松拖动鼠标即可（凡是拖动鼠标就要按住左键，下同不再重复）。改变线段弧度时，用"直接选择工具"单击要改变的"锚点"，此时"锚点"两边出现"手柄"，用"直接选择工具"点击手柄末端，即可调节曲线。如果单击"锚点"没有手柄出现，单击"属性面板"中的 转换：↖ ↗ "将所选锚点转化为平滑"手柄即会出现，如果选择了"将所选锚点转化为尖角"手柄就会消失，线段变成直线。

②注意"选择工具" ▶ 和"直接选择工具" ▷ 的区别。

③在线段上添加锚点：用"直接选择工具"单击线段，把"钢笔工具"移到线段上，"钢笔工具"旁边出现"＋"，单击线段即可。

④在线段上删减锚点：用"直接选择工具"单击线段，把"钢笔工具"移到要删除的锚点上，"钢笔工具"旁边出现"－"，单击锚点即可。

13. 镜像图形

单击工具栏"选择工具"，在画面左上角按住鼠标左键向右下拖动鼠标，框选所有图形，所有图形被选择，单击鼠标右键选择"编组"（对于已经编组的图形，单击鼠标右键可以"取消编组"），把所有图形编成一个组。把鼠标移动到工具栏上的 ⟳ "旋转工具"，按住鼠标左键不松，会显示隐藏的"镜像工具"，拖动鼠标至"镜像工具"，松开鼠标后双击"镜像工具"，弹出"镜像工具"对话框，单击"复制"按钮，此时被选择的图形全部被复制并镜像，如图 2-2-17 所示。

图 2-2-17　镜像对话框

14. 移动图形

在工具栏选择"选择工具"，把鼠标移动到复制图形的任意一条线段上，如图 2-2-18 所示，按住"Shift"键不松，按住鼠标左键向右拖动鼠标，移动合适位置即可。移动图形的方法：用选择工具单击图形线段，按住鼠标左键不松，移动鼠标即可。按住"Shift"键的作用是水平或垂直移动，如图 2-2-19 所示。

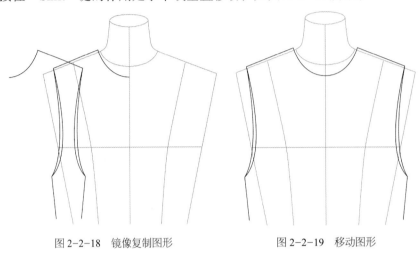

图 2-2-18　镜像复制图形　　　　　　图 2-2-19　移动图形

15. 绘制领口

依前述方法，用"钢笔工具"在肩线侧颈点处单击第一个点，在前颈点领口处单击第二个点，水平拖动鼠标调节曲线弧度，在另一边侧颈点处单击绘制第三个点后，按住"Ctrl"键，单击任意空白处，完成线段绘制。如有不合适，调节方法同上。用同样方法绘制后领口线，如图 2-2-20 所示。

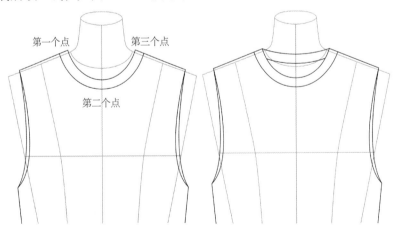

图 2-2-20　绘制领口

16. 设置虚线

用"选择工具"选择后领绲明线，按住"Shift"键不松（按住此键可以多选或者

减选图形），再选择前领缉明线，两条线被选择。单
击菜单栏中的"窗口"命令，从下拉框中选择"描
边"（此描边与工具栏下的描边不同），弹出"描边对
话框"，在对话框中勾选"虚线"，"虚线"输入"4"，
"间隙"输入"3"，如图 2-2-21 所示。单击空白处，
此时被选择的线段变成虚线，如图 2-2-22 所示。最
后把刚刚在对话框中勾选的"虚线"取消，如不勾
掉，接下来画出的线将全部是虚线。

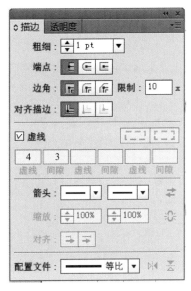

图 2-2-21　描边对话框

17. 完成无领款式图的绘制

单击菜单栏中的"对象"命令，从下拉框中选择
"全部解锁"。用"选择工具"选择"人台"，在"对
象"命令下拉框中选择"隐藏"。如图 2-2-23 所示，
完成无领款式图的绘制。

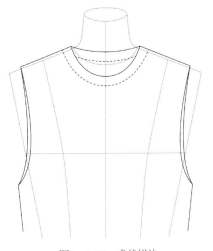

图 2-2-22　虚线描边

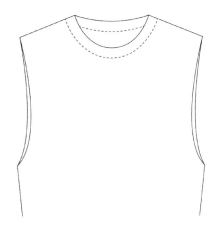

图 2-2-23　无领款式图（完成图）

18. 保存

单击菜单栏中"文件"命令，从下拉框中选择"另存为"，选择保存位置，保存
文件。

小贴士

①该案例主要运用了"选择工具""直接选择工具""钢笔工具"，注意两种选择工
具的区别。接下来的款式图绘制仍将使用这三种工具，可以选择简单的图形进行练习，
以便熟练掌握其使用方法。

②用抓手移动画面以及缩放工具在绘制图形过程中也经常用到。

③另存为图形时，会提示选择保存的版本类型，通常情况下，高版本保存的文件，低版本打不开。

④将 AI 文件保存成 JPEG 格式：在菜单栏下拉框选择"导出"即可，导出成 JPEG 格式涉及分辨率，如果是要把图片打印出来，通常设置分辨率为300。

【案 例 二】翻领的绘制

【使用工具】锁定工具、钢笔工具、剪刀工具、"Ctrl+Z"键、选择（直接选择）工具

1. 调整人台

单击菜单栏中的"文件"命令，从下拉菜单中选择"打开"，从随书网络教学资源中打开第二章第二节"人台"文件。单击工具栏中的"选择工具" 选择人台，在属性面板中不透明度数值调整为35%。用工具栏中"选择工具"单击人台，处于选择状态，单击菜单中的"对象"命令，从下拉菜单中选择"锁定""所选对象"此时人台被锁定，不能被编辑。

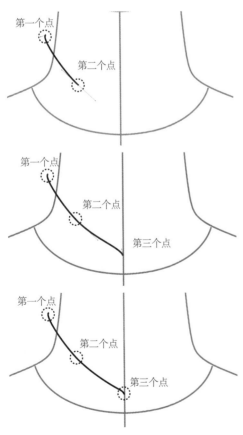

图 2-2-24　绘制翻领前翻折线

2. 绘制翻领前翻折线

首先保证"填色与描边"是处于此种状态"⬚"。选择"钢笔工具"，绘制翻折线。翻折线呈弧形，前颈点领口处略微往下弧，绘制时有一定难度，主要是曲线弯曲程度不容易把握。此翻折线上边共计三个锚点，运用上案例绘制方法绘制完成以后，可以用"直接选择工具"调整曲线，如图 2-2-24 所示。

3. 绘制翻领后翻折线、领外口线

在第一个点处（即后领窝）单击鼠标，在第二个点处轻轻往左下方拖动鼠标，在第三个点处直接单击，不拖动鼠标，在第四个点处往右上方轻微拖动鼠标，在第五个点处往右下方拖动鼠标，此时领外口线绘制完成，但还不准确，如图 2-2-25 所示。

4. 调整翻领后翻折线、领外口线

用"直接选择工具"单击第二个锚点，按键盘上方向键（或者直接拖动鼠标），使第

二个锚点往下移动，如果曲线形状不合适，用"直接选择工具"调节"锚点"两端的手柄。第二个点位置应与前翻折线线留一点面料厚度间隙，第三个点要略高于人台肩线，第四个点决定了领子形状，第五个点应与前领口线相交，如图 2-2-26 所示。

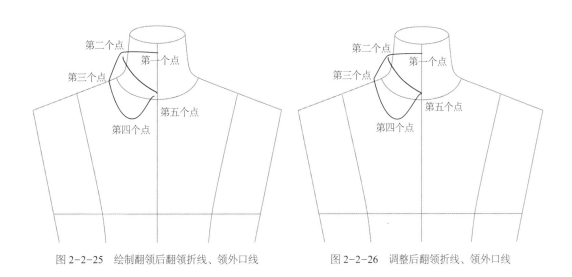

图 2-2-25　绘制翻领后翻领折线、领外口线　　　　图 2-2-26　调整后翻领折线、领外口线

5. 图形编组

编组图形可以更快选择所有图形，用"选择工具"单击鼠标左键不松，框选所有图形。或者按住"Shift"键不松，单击鼠标左键，依次选择后领翻折线、前领翻折线、领口外线。单击鼠标右键选择"编组"（鼠标右键同样可以取消编组），把所有图形编成一个组。

6. 镜像复制图形

因服装款式图左右对称性，所以绘制出左边款式图后，可镜像复制出右边，快捷方便。保持图形处于选择状态，把鼠标移动到"工具栏"上的"旋转工具"，按住鼠标左键不松，会显示隐藏的"镜像工具"，拖动鼠标至"镜像工具"，松开鼠标。再次双击"镜像工具"，弹出"镜像工具"对话框，单击"复制"按钮，此时被选择的图形全部被复制并镜像，镜像后图形如果后翻折线内凹或者外凸，有以下方法调整，方法 1：调节锚点使其平顺；方法 2：使用"直接选择工具"只框选后翻折线（不能框选其他线段），按键盘上的 Delete 键，删除后翻折线，用钢笔工具直接画一条圆顺曲线。"直接选择工具"除了可以选择锚点外，还可以选择一条完整线段的局部，如图 2-2-27 所示。

7. 绘制翻领领座前底口线、门襟线

单击菜单栏"对象"命令，从下拉菜单中选择"全部解锁"。用"选择工具"选择人台，在"对象"下拉菜单中依次选择"隐藏""所选对象"，此时人台被隐藏（在对象命令下用同样方法可以再显示人台）。用钢笔工具绘制翻领领座前底口线、前门襟

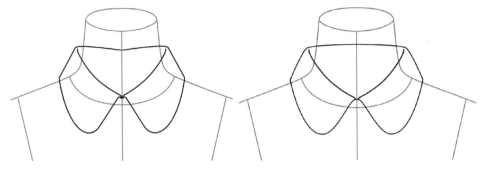

图 2-2-27　镜像复制

线，如图 2-2-28 所示。

8. 绘制纽扣及后领底线

在工具栏"矩形工具"中找到隐藏的椭圆形工具，在翻领前门襟处画出扣子，用钢笔工具画出扣眼及后领底线。完成翻领款式图，如图 2-2-29 所示。

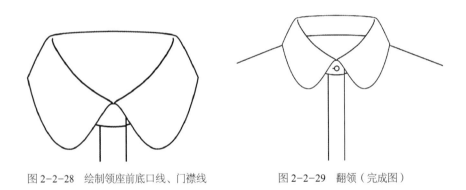

图 2-2-28　绘制领座前底口线、门襟线　　　　　图 2-2-29　翻领（完成图）

【案 例 三】驳领的绘制

【使用工具】将所选锚点转化为尖角、将所选锚点转化为平滑、钢笔工具、"Ctrl+Z"键、锚点工具、路径橡皮擦工具。主要学习如何把直线段变成曲线来绘制款式图。

1. 调整人台

单击菜单栏中的"文件"命令，从下拉菜单中选择"打开"，从随书网络教学资源中打开第二章第二节"人台"文件。单击工具栏中的 ▶ "选择工具"选择人台，在属性面板中不透明度数值调整为 35%。单击菜单中的"对象"命令，从下拉菜单中选择"锁定""所选对象"，此时人台被锁定，不能被编辑。

2. 设置颜色

单击工具栏左下方"默认填色与描边"，再次单击右下方的"无 /"，此时"填色"方框出现斜杠，"描边"为黑色 ◨。此项操作使绘制图形时没有填色，只有描边。

3. 绘制驳领翻折线

使用"钢笔工具"在人台后领窝、侧颈点、前中心线处依次单击，画出直线段，如图 2-2-30 所示。绘制完成以后，如果锚点位置不合适，使用"直接选择工具"，选择对应锚点，拖动鼠标调节锚点位置。

4. 调整驳领翻折线

（1）使用"直接选择工具"选择第二个锚点，在属性面板中 转换：单击"将所选锚点转化为平滑"。此时第二个锚点上下出现手柄，线段发生变形，用"直接选择工具"选择手柄末端，移动鼠标，调节曲线形状，如图 2-2-31 所示。

（2）用"直接选择工具"选择第三个锚点，在属性面板中单击"将所选锚点转化为平滑"，此时第三个锚点上下出现手柄，线段发生变形，用

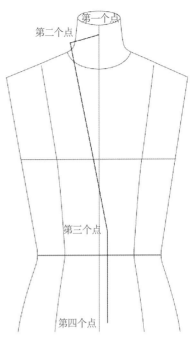

图 2-2-30　绘制驳领翻折线

"直接选择工具"选择下边手柄末端，把该手柄拖至锚点上，再次选择上边手柄末端，调节曲线形状，如图 2-2-32 所示。

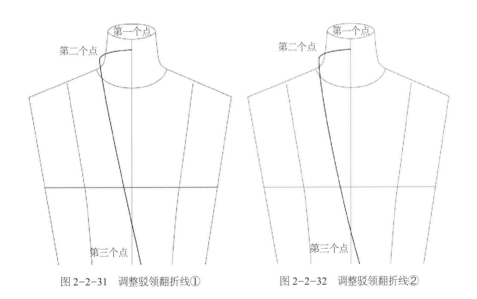

图 2-2-31　调整驳领翻折线①　　　　图 2-2-32　调整驳领翻折线②

5. 绘制翻领外口线

使用"钢笔工具"在人台处依次单击第一个点、第二个点、第三个点和第四个点，画出直线段，如图 2-2-33 所示。用"直接选择工具"选择第二个锚点，在属性面板

中单击"将所选锚点转化为平滑"，此时第二个锚点上下出现手柄，线段发生变形，用"直接选择工具"选择手柄末端，移动鼠标，调节曲线，如图 2-2-34 所示。

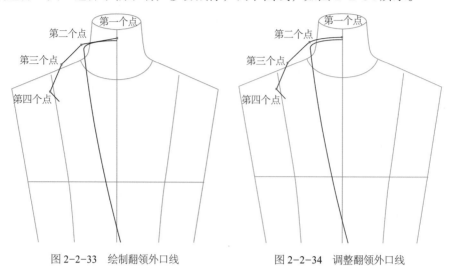

图 2-2-33　绘制翻领外口线　　　　　图 2-2-34　调整翻领外口线

6. 绘制驳领外口线

使用"钢笔工具"在人台处依次单击第一个点、第二个点和第三个点，画出直线段，如图 2-2-35 所示。

7. 调整驳领外扣线

（1）按照前边讲过的方法，调节锚点，如图 2-2-36 所示。具体细节操作方法：用直接选择工具选择第一个锚点，在属性面板中单击"将所选锚点转化为平滑"调出手柄，调节手柄，改变曲线形状，如图 2-2-37 所示。

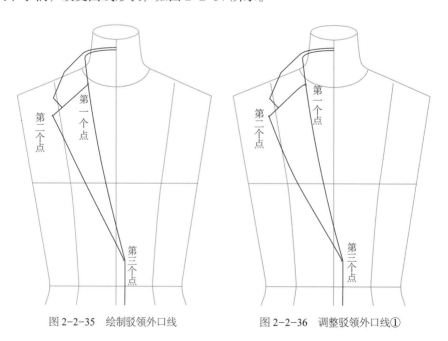

图 2-2-35　绘制驳领外口线　　　　　图 2-2-36　调整驳领外口线①

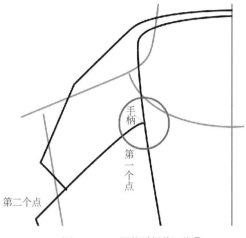

图 2-2-37　调整驳领外口线②

图 2-2-38　锚点工具

（2）选择第二个锚点，在属性面板中单击"将所选锚点转化为平滑"，此时移动上边手柄末端，下边手柄也会移动。为了在移动上边手柄时保证下边手柄不移动，点击工具栏中的"钢笔工具"不松鼠标，钢笔工具下隐藏的工具被全部调出，其中最下端的为"锚点工具"，如图 2-2-38 所示。

（3）用"直接选择工具"选择第二个锚点，此时出现手柄，选择"锚点工具"，用"锚点工具"选择上边手柄末端，移动鼠标，调节到合适位置，如图 2-2-39 所示。此时另一端手柄不会移动，再次用"直接选择工具"单击第二锚点或下边的线段，此时另外一个手柄出现，可以用"直接选择工具"，调节手柄，改变曲线。

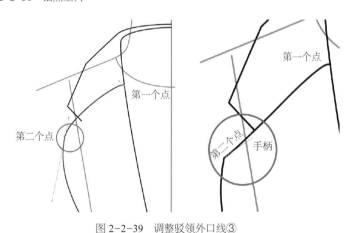

图 2-2-39　调整驳领外口线③

小贴士

①锚点工具每次使用后，锚点前后的手柄就会断开联系，相互不关联，再次移动手柄时，仍然可以使用"直接选择工具"单击锚点，调节手柄。

②当一个锚点没有手柄时，选择属性面板"将所选锚点转化为平滑"，手柄即会出现，选择属性面板"将所选锚点转化为尖角"，手柄即会消失。

③如果一个锚点相联的线段是曲线的话，此锚点肯定有手柄，用"直接选择工具"

选择该锚点，被隐藏的锚点就会显示出来。

8. 翻驳领编组

用"选择工具"，点击鼠标左键不松，框选所有图形。或者按住"Shift"键不松，单击鼠标左键，依次选择所要编组的图形。单击鼠标右键选择"编组"，把所有图形编成一个组。

9. 镜像翻驳领

保持翻驳领处于选择状态，把鼠标移动到"工具栏"上的"旋转工具"，按住鼠标左键不松，会显示隐藏的"镜像工具"，拖动鼠标至"镜像工具"，松开鼠标。再次双击"镜像工具"，弹出"镜像工具"对话框，单击"复制"按钮，此时被选择的图形全部被复制并镜像，移动到合适的位置，如图 2-2-40 所示。

10. 删除重叠线段

用"直接选择工具"选择要删除的线段，在工具栏"铅笔工具"中选择隐藏的"路径橡皮擦工具"，用"路径橡皮擦工具"沿着被遮挡的右侧翻驳领部分线段拖动鼠标，凡是"路径橡皮擦工具"经过的线段都会被删除。如果不小心删除了不该删除的线段，按"Ctrl+Z"键倒退。删除一条线段的部分时务必用"直接选择工具"先选择要删除的线段，然后再用"路径橡皮擦"，如图 2-2-41 所示。

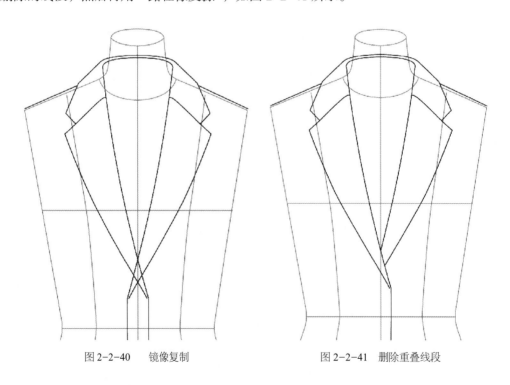

图 2-2-40　镜像复制　　　　　　　　图 2-2-41　删除重叠线段

11. 完成驳领的绘制

选择"矩形工具"隐藏的"椭圆形工具"，按住键盘上的"Shift"和"Alt"键可以绘制正圆作为扣子，用工具栏中"钢笔工具"绘制扣眼，用工具栏中矩形工具绘制正圆，如图 2-2-42 所示。

删除线段中的某一部分时的几种方法：第一：用"直接选择工具"选择锚点，删除锚点的同时，与锚点相连的线段被删除；第二：用"直接选择工具"框选要删除的线段，按下键盘上的删除键；第三：用"路径橡皮擦"可以删除一条线段的一部分。

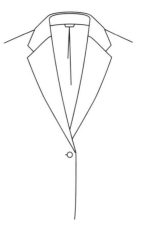

图 2-2-42　驳领（完整图）

二、衣袖绘制技法

（一）绘制要领

衣袖是服装设计中非常重要的部件。袖子是通过袖山、袖身和袖口的设计来满足人体活动与审美的需要，每个部位的设计是否合理，都会影响袖子造型的美观性和舒适性。如图 2-2-43 所示，生活中常见的袖型有西服袖、插肩袖、连身袖、泡泡袖等。西服袖山高，袖身贴体；连身袖，袖山和衣身连成一体；泡泡袖，袖山切展增加褶量，如图 2-2-44 所示。

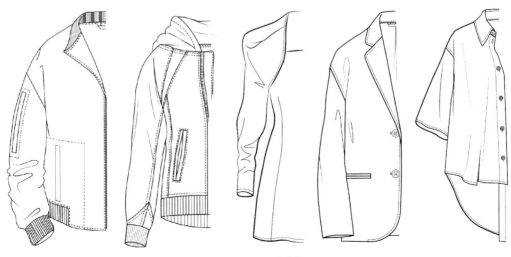

图 2-2-43　袖子①

图 2-2-44　袖子②

（二）绘制技法

【案　　例】连身袖的绘制

【使用工具】钢笔工具、定义图案、定义图案画笔、建立剪切蒙版

1. 打开连身袖文件

单击菜单栏中的"文件"命令，从下拉框中选择"打开"，从随书网络教学资源中打开第二章第二节"连身袖（原始图）"文件。工具栏下方"填色"与"描边"设置为 ▣。

2. 绘制连身袖轮廓线

在工具栏中选择"直接选择工具"，再选择"钢笔工具"，直接绘制连身袖中线，如图 2-2-45 所示。按住"Ctrl"键不松，点击空白处，连身袖中线绘制完成。松开"Ctrl"键，继续使用钢笔工具绘制连身袖侧缝线及袖口，如图 2-2-46 所示。

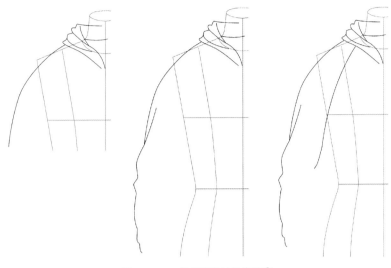

图 2-2-45　绘制连身袖轮廓线①

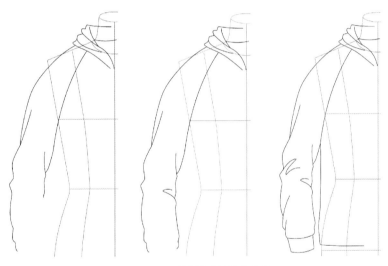

图 2-2-46　绘制连身袖轮廓线②

小贴士

当使用一种工具时，如果按住"Ctrl"键不松，此时工具会变成之前选择的工具。在绘制过程中，当钢笔工具绘制一条线段后，如果觉得锚点不合适，可以直接按住"ctrl"键不松，此时钢笔工具变成"直接选择工具"，可以直接调节锚点和手柄。松开"ctrl"键，又恢复成"钢笔工具"，继续绘制下边的线段。我们在绘制线段时，可以使用此方法加快速度。

3. 绘制花纹

（1）在工具栏"矩形工具"中选择隐藏的"椭圆工具"，如图 2-2-47 所示。直接在空白处拖动鼠标绘制椭圆形，如图 2-2-48 椭圆形。在属性面板中设置 描边 ÷ 0.75 p' ▼ 描边 0.75pt。用"直接选择工具"选择椭圆形上的锚点，点击属性面板中的 转换: ⋀ ⌐ "将所选锚点转化为尖角"，同时把中间的两个锚点往下移动，如图 2-2-48 所示。

（2）此时上边的锚点，尖角特别"尖"。选择此锚点，在菜单栏"窗口"下拉框中选择"描边"，弹出"描边"对话框，如图 2-2-49 所示，点击"边角"中间的图形。在"描边对话框"中还可以设置粗细及虚线。

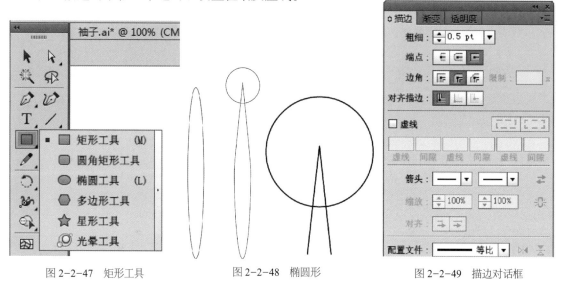

图 2-2-47　矩形工具　　　　　　图 2-2-48　椭圆形　　　　　　图 2-2-49　描边对话框

所有的几何形工具，如果选择以后，直接在画面空白处单击，会弹出一个对话框，如图 2-2-50 所示，直接输入数值，可以精确的绘制几何形。

（3）用选择工具选择调整好的图形，把鼠标放置在任意一个角，按住鼠标左键不松可以旋转图形，如果是放置在任意一边，按住鼠标左键不松可以调整图形大小。

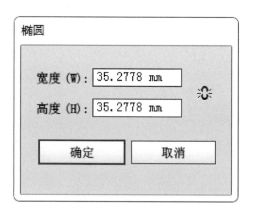

图 2-2-50　椭圆工具对话框

（4）选择旋转后的图形，双击工具栏"镜像工具"，在弹出的对话框选择"复制"，形成花纹基本单元，如图 2-2-51 所示。用"选择工具"选择两个图形，右键编组（同样方法可以取消编组），把鼠标放置在图形边角处，鼠标图形发生变化，按住左键旋转图形。如果按"Shift"键，图形会按照 45°旋转，如图 2-2-52 所示。

（5）用"选择工具"选择旋转后的图形，在菜单栏"对象"下拉框中选择"图案""建立",弹出如图 2-2-53 所示,直接点击"完成"。在对话框中,可以设置图案名称、拼贴类型等信息,点击"图案选项"下边 ,可以调节图案间隙,如图 2-2-54 所示。此处我们不做任何变动,直接点击"完成"。

图 2-2-53 图案对话框

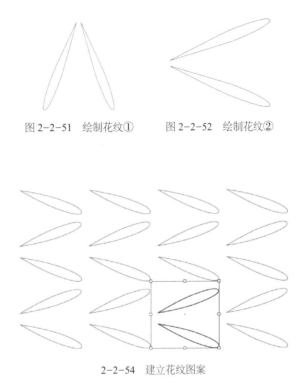

图 2-2-51 绘制花纹①　　图 2-2-52 绘制花纹②

2-2-54 建立花纹图案

小贴士

在属性面板中,点击"填色"下拉箭头 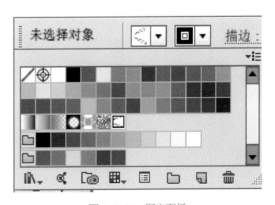,如图 2-2-55 所示,刚刚编辑的图案会在里边显示出来。如果我们绘制一个图形,再点击此处新建立的图案,图案可以填充到图形里。

(6)用"选择工具"选择刚刚编辑的花纹,在属性面板中,单击画笔定义右侧下拉箭头 ▼ 5 点圆形 ▼,再次单击新出现的下拉箭头 ▼≣,如图 2-2-56 所示,选择"新建画笔"。在弹出的对话框中选择"图案画笔"点击确定。

(7)此时弹出"图案画笔选项"对话框,在对话框中可以设置画笔颜色,但此时不做任何变动,点击确定即可。

图 2-2-55 图案面板

这样就新建一个"图案画笔",新的图案画笔会显示在属性面板中的"画笔定义"里,如图 2-2-57 所示。

图 2-2-56 画笔定义对话框

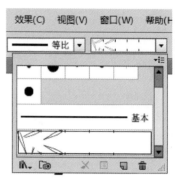

图 2-2-57 画笔对话框

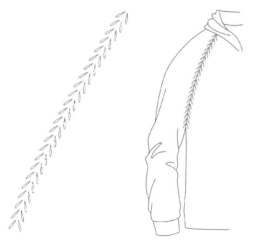

图 2-2-58 花纹图案画笔

（8）在工具栏中选择 ✐ "画笔工具",在属性面板"画笔定义"中选择刚刚新建的图案画笔,在空白处画出一条线,或者用钢笔工具画出一条线,用"选择工具"选择这条线,在属性面板"画笔定义"中选择刚刚新建的花纹图案画笔,此时基本线条变成图案线条,如图 2-2-58 所示。

4. 绘制袖口罗纹

（1）在工具栏中选择"直线段工具",点击鼠标左键不松,垂直往下拖动鼠标,绘制一条直线段,在属性面板中设置描边粗细为 0.75pt。用"选择工具"选择刚刚绘制的线段,按住"Alt"键不松,按住鼠标左键不松拖动鼠标复制一条线段,如图 2-2-59 所示。按住"Ctrl"键,多次单击"D"键("Ctrl+ D"键意思是重复上一步操作),可以复制多个等距离的线段,如图 2-2-60 所示。全选所有线段编组,旋转图形。

（2）锁定袖子图形（在"对象"命令中可以解锁）。用钢笔工具在袖口处画袖克夫图形,把新画的图形放置在条纹上边,如图 2-2-61 所示。单击新画的袖克夫,鼠标右键点出对话框,选择"排列""置于顶层"。用选择工具框选袖克夫和条纹,鼠标右键选择"建立剪切蒙版",如图 2-2-62 所示。把剪切的图形放置在袖口处,袖子款式图完成,如图 2-2-63 所示。

图 2-2-59 直线段

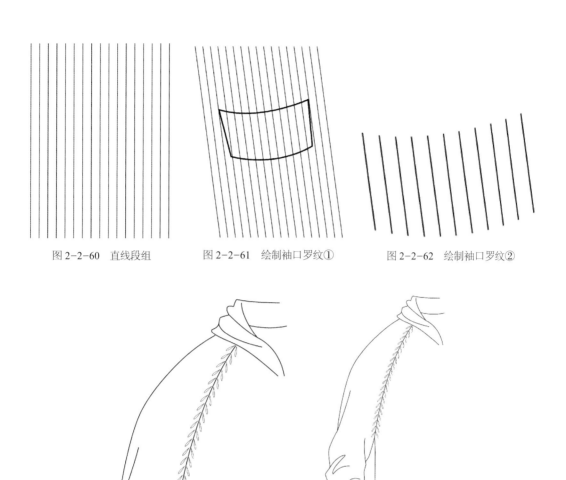

图 2-2-60　直线段组　　　图 2-2-61　绘制袖口罗纹①　　　图 2-2-62　绘制袖口罗纹②

图 2-2-63　连身袖（完整图）

小贴士

在建立剪切蒙版时，务必保证线框在图形上边。剪切蒙版后，如果图形不合适，可以选择图形，鼠标右键"释放剪切蒙版"，恢复到开始状态，从而对条纹进行新的编辑，此时袖克夫线框不显示，但实际仍在原位置。移动鼠标当鼠标光标碰到线框时，线框会显示出来，直接选择线框，双击工具栏下方"描边"，弹出"拾色器"对话框，在"拾色器"里选择一种颜色后，线框就会显示出来。释放剪切蒙版后，线框之所以不显示，是因为线框是以路径存在的，此时路径没有描边。我们用钢笔或画笔工具绘制的所有线段都是路径，路径要显示出来必须有描边才可以。

三、拉链式门襟绘制技法

（一）门襟连接形式

门襟位于整件服装的前中心线位置，画门襟前要先确定好服装的中心线，依照这条线去画门襟，就会避免产生一些不必要的错误，如图2-2-64所示。门襟的分类可以从几个不同的角度来划分：根据门襟对搭的宽度可以分为单排扣门襟和双排扣门襟；根据门襟的开口方式可以分为半开襟和全开襟；根据门襟开口的位置可以分为正开襟、侧开襟和斜开门襟，如图2-2-65所示。服装门襟的绘制，相对于服装其他部件较为简单，因此部分重点讲解门襟拉链的绘制方法。

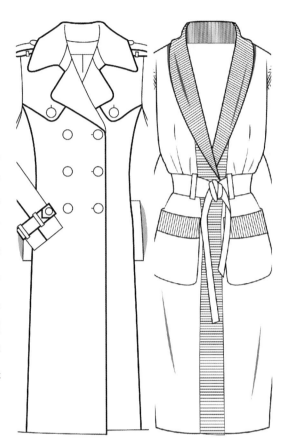

图 2-2-64　门襟①

图 2-2-65　门襟②

（二）拉链式门襟的绘制

【使用工具】选择（直接选择）工具、钢笔工具、对齐工具、路径橡皮擦、多种复制方法、重复上步操作、图形编辑。

1.打开门襟文件

单击菜单栏中的"文件"命令，从下拉框中选择"打开"，从随书网络教学资源中打开第二章第二节"拉链式门襟（原始图）"文件。工具栏下方"填色"与"描边"设置如。

2.绘制拉链齿

（1）选择门襟线，按住"Alt"键不松，移动鼠标复制一条门襟线，用同样方法再复制一条门襟线，放置在如图 2-2-66 所示的位置，选择复制的两条线，在属性面板中设置 描边：1 pt 描边为 0.25pt。选择工具栏中"矩形工具"，在门襟处拖动鼠标绘制长方形，手动输入描边为 0.15pt，如图 2-2-67 所示。选择长方形，按住"Alt"键不松，复制一个，放置如图 2-2-68 所示位置。

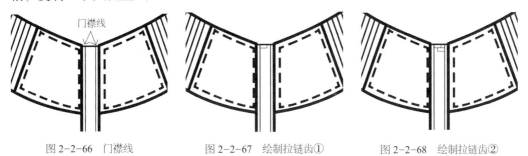

图 2-2-66　门襟线　　　　图 2-2-67　绘制拉链齿①　　　　图 2-2-68　绘制拉链齿②

（2）按住"Shift"键不松，用"选择工具"依次点击两个长方形，此时两个长方形图形被选择。松开"Shift"键，按住"Alt"键不松，垂直往下拖动鼠标，复制两个长方形图形（在按住"Alt"键不松往下拖动的同时，再次按住"Shift"键，可以垂直往下复制），如图 2-2-69 所示。松开"Alt"键，此时图形正处于被选择状态，按住"Ctrl"键不松，多次单击"D"键（"Ctrl +D"键为重复上一步操作），一直将拉键齿复制到衣摆处，拉链绘制完成，如图 2-2-70 所示。

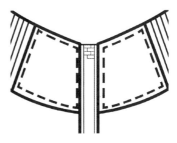

图 2-2-69　绘制拉链齿③

3．绘制拉链头

（1）在"矩形工具"里边选择隐藏的"椭圆形工具"，绘制椭圆形，再绘制一个正圆形，如图 2-2-71 所示。

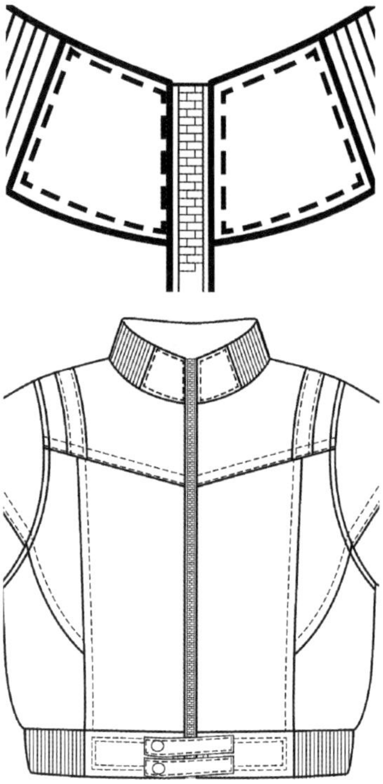

图 2-2-70　绘制拉链齿④

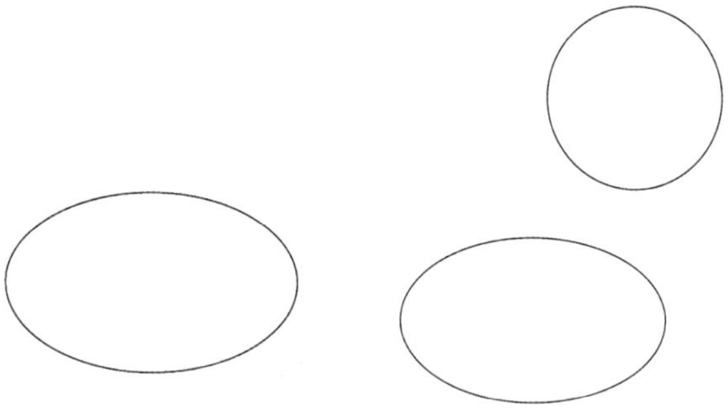

图 2-2-71　绘制拉链头①

（2）用“选择工具”框选绘制两个图形，在属性面板中选择居中水平对齐。用“直接选择工具”选择圆形下边的锚点，按“Delete”键，删除锚点，锚点被删除的同时，锚点两边的线段被删除。或者用“直接选择工具”，直接框选要删除的线段（不删除的线段不要框选），按下“Delete”键。“直接选择工具”的特点是选择局部，既可以选择锚点也可以选择局部线段。用同样方法删除椭圆形上边线段，如图 2-2-72 所示。

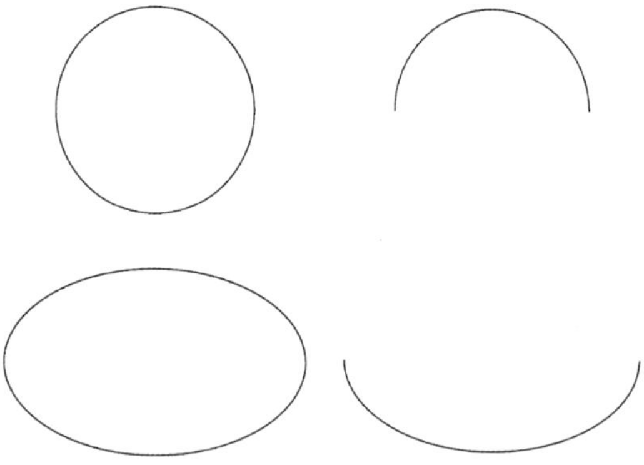

图 2-2-72　绘制拉链头②

（3）用“钢笔工具”，连接两个半圆图形，绘制如图 2-2-73 所示线段，此时所有线段连成一个图形。“直接选择工具”框选要复制的两条局部线段（即刚刚用钢笔工具绘制的线段，凡是被锚点分开即为一条线段），此时虽然显示的所有图形被选择，实际只有被框选局部线段被选择，按“Ctrl+ C”键，再按“Ctrl +F”键，此时被框选的线段被复制，并被原位粘贴在上方（此时图形似乎没有变化，实际上已经被复制粘贴在原位）。双击工具栏中“镜像”工具，弹出对话框，点击“确定”，刚刚粘贴在上方的线段被镜像，如图 2-2-74 所示。

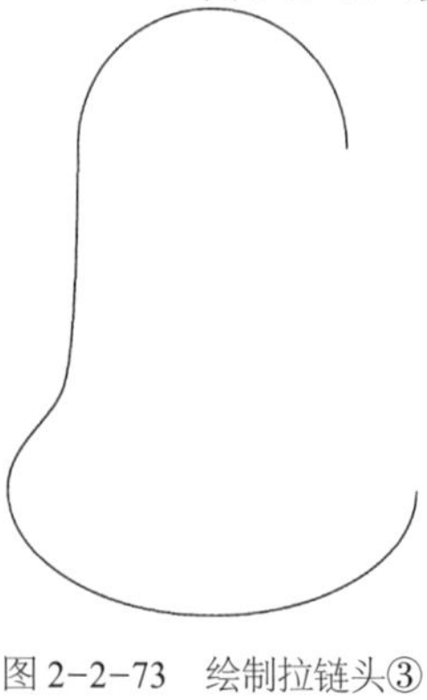

图 2-2-73　绘制拉链头③

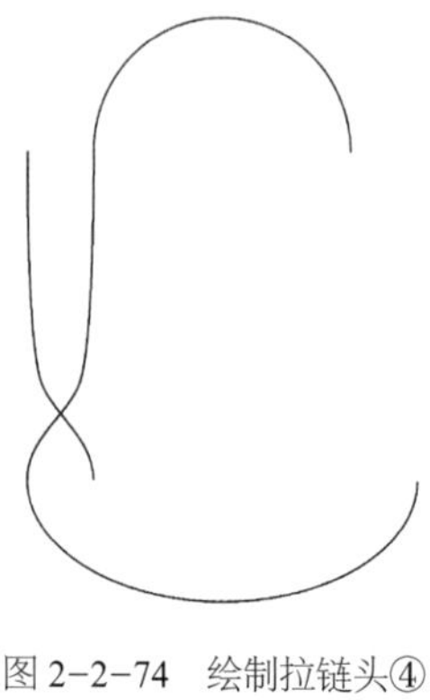

图 2-2-74　绘制拉链头④

（4）用"选择工具"选择被复制的图形，按住"Shift"键，水平移动图形，如图2-2-75所示，绘制出拉链头①图形。

小贴士

①按"Ctrl+C"键，复制，再按"Ctrl+V"键，粘贴。

②按"Ctrl+C"键，复制，再按"Ctrl+F"键，粘贴在原位上方。

③按"Ctrl+C"键，复制，再按"Ctrl+B"键，粘贴在原位下方。

④在移动图形时，按住"Shift"键，可以水平移动，或者垂直移动。

（5）用"椭圆形工具"绘制如图2-2-76所示图形，用"直接选择工具"，选择上边的锚点，按键盘上的方向键，往下移动，绘制图2-2-76所示。

（6）用"椭圆形工具"绘制拉链头上的圆形，如图2-2-77所示，再删除圆形的下边的线段如图2-2-78所示。最后用"圆角矩形工具"绘制圆角矩形，如图2-2-79所示。

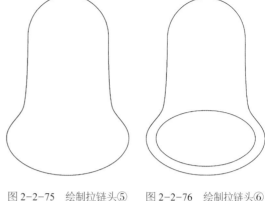

图2-2-75　绘制拉链头⑤　　图2-2-76　绘制拉链头⑥

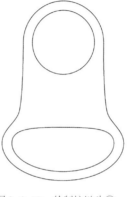
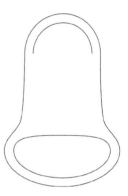

图2-2-77　绘制拉链头⑦　　图2-2-78　绘制拉链头⑧

图2-2-79　绘制拉链头⑨

小贴士

"圆角矩形工具"圆角大小如何确定：选择"圆角矩形工具"，在空白处单击，在弹出的对话框中输入圆角值，输入以后，每次拖动鼠标绘制的圆角矩形都是同样的圆角大小。

（7）删除圆角矩形上边的边，如图2-2-80所示。用钢笔工具、圆角矩形工具绘制接下来的图形。首先用钢笔工具绘制拉链连接部件的一半，再镜像复制出另一半，最后用圆角矩形工具绘制长条状图形。如图2-2-81所示。

（8）工具栏中选择"选择工具"，再在工具栏"铅笔工具"中选择"路径橡皮擦工具"，此时鼠标显示的是"路径橡皮擦工具"。按住"Ctrl"键不松，变成之前选择的工具（即"选择工具"），选择要删除的线段，松开"Ctrl"键，变成"路径橡皮擦工

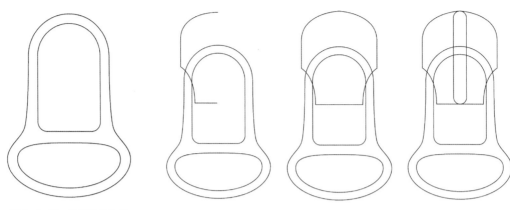

图 2-2-80 绘制拉链头⑩　　　　图 2-2-81 绘制拉链头⑪

具"，在线段上拖动鼠标，删除局部线段。按照此种方法依次删除局部线段，如图 2-2-82 所示。

4. 门襟拉链完成效果

最终拉链效果如图 2-2-83 和图 2-2-84 所示。图中拉链填充有白色，填充后遮挡后边拉链，填色方法后边章节会讲述。

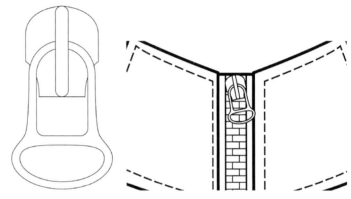

图 2-2-82 拉链头（完成图）　　　图 2-2-83 门襟拉链

图 2-2-84 拉链式门襟（完成图）

四、腰带绘制技法

（一）绘制要领

腰带上有搭扣、扣襻，造型多样，但基本都是几何形，掌握几何形图形是绘制的关键。

（二）绘制技法

【使用工具】钢笔工具、选择工具、路径查找器、路径橡皮擦

1. 打开文件

单击菜单栏中的"文件"命令，从下拉菜单中选择"打开"，从网络教学资源中打开第二章第二节"腰带（原始图）"文件，如图 2-2-85 所示。工具栏下方"填色"与"描边"设置成空和黑色 。

2. 绘制腰带基本形

使用钢笔工具绘制腰带基本形，用路径橡皮擦删除门襟与腰带重叠线段，如图 2-2-86 所示。

3. 绘制搭扣

（1）在腰带上绘制搭扣，首先用圆角矩形绘制如图 2-2-87 所示搭扣图形，如果矩形圆角不合适，要调整圆角（调节圆角的简便方法：用选择工具点击图形其中一个角旁边的小圆点不松，拖动鼠标即可）。调整大小后，把图形拖到空白处（选择工具拖动图形即可），再次使用圆角矩形工具绘制圆角长方形，两个图形叠加，如图 2-2-88 所示。

（2）保证圆角长方形在上方，选择长方形，按鼠标右键"排列""置于顶层"。用"选择工具"选择两个图形，在菜单栏"窗口"下拉框中选择"路径查找器"，弹出对

图 2-2-85　腰带（原始图）

图 2-2-86　腰带基本形

图 2-2-87　绘制搭扣①

话框如图 2-2-89 所示，形状模式中里边列出了"交集""差集""联集""减去顶层"，每一种模式都可以试一下，总结出现的变化。此处选择第二个图标"减去顶层"后，效果如图 2-2-90 所示。

（3）把图 2-2-90 绘制的图形放置在腰带上，删除被挡住的腰带图形线条，用"选择工具"选择要删除的图形，在"铅笔工具"中选择隐藏的"路径橡皮擦工具"，在删除的线段上拖动鼠标（先选择"选择工具"，再选择"路径橡皮擦工具"，按住"Ctrl"键两个工具可以相互切换，要删除哪条线，必须先选择该线，下边章节不再重复），如图 2-2-91 所示。

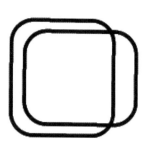

图 2-2-88　绘制搭扣②

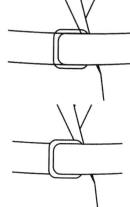

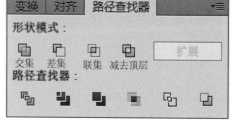

图 2-2-89　路径查找器

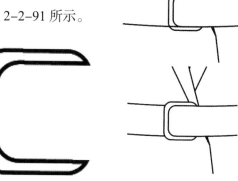

图 2-2-90　绘制搭扣③　　　　图 2-2-91　绘制搭扣④

4. 在腰带上绘制带襻

（1）首先用椭圆形绘制图形，调整大小，再次使用椭圆形工具绘制椭圆形，两个图形叠加。选择两个图形。在菜单栏"窗口"下拉框中选择路径查找器，使用"路径查找器""减去顶层"，如图 2-2-92 所示。

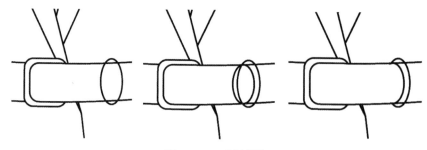

图 2-2-92　绘制带襻

（2）此时减去顶层后的图形相交处，出现尖角，影响效果。在菜单栏"窗口"下拉框中选择"描边"，在弹出的对话框中选择"边角"中间的图标，使线形圆顺，如图 2-2-93 所示，然后使用"路径橡皮擦工具"删除被挡住的线条，如图 2-2-94 所示。

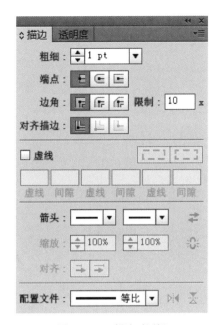

图 2-2-93　描边对话框

5. 继续绘制腰带

绘制如图 2-2-95 所示的腰带形状，使用"路径橡皮擦工具"删除被挡住的线条，如图 2-2-96 所示。

6. 绘制洞眼和插襻

使用椭圆形工具绘制洞眼，圆角矩形工具绘制插襻，腰带效果如图 2-2-97 所示。

7. 绘制衣服褶裥

使用钢笔工具绘制腰带处褶裥，如图 2-2-98 所示。选择任意一条褶裥，属性面板中下拉菜单中点击，弹出如图所示对话框，选择"打开画笔库""艺术效果""油墨"，选择"锥形描边"，如图 2-2-99 所示。选择画笔后，锥形描边显

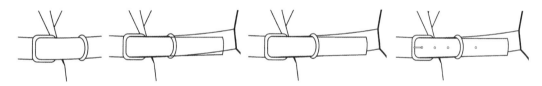

图 2-2-94　绘制腰襻①　　图 2-2-95　绘制腰襻②　　图 2-2-96　绘制腰襻③　　图 2-2-97　绘制洞眼及插襻

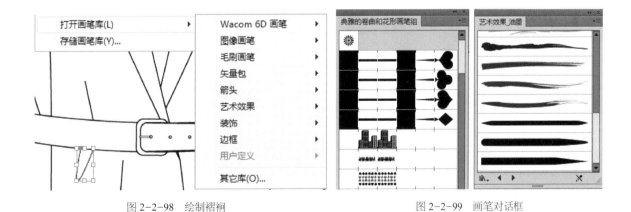

图 2-2-98　绘制褶裥　　　　　　　　　　　图 2-2-99　画笔对话框

示在属性面板"画笔定义"中，以后可以直接点击使用，此时线段非常的粗，在属性面板中调节粗细。再选择其他褶裥，点击"属性面板"画笔定义"中的"锥形描边"，调节粗细完成，如图 2-2-100 所示 。

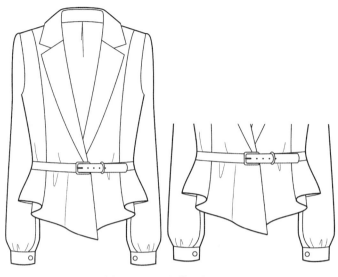

图 2-2-100　腰带（完成图）

第三节　服装款式图整体绘制技法

　　完整的服装款式图由衣身、袖子、领子、门襟、口袋等组成。服装款式图要求线条要平顺均匀，要做到每一条线都说明一个问题，都是不可或缺的存在。服装款式图结构要合理准确，特别是对服装部件与工艺的表达。服装款式图严谨的比例尤为重要，比例应注意"从整体到局部"，调整好服装的整体与局部的比例以及局部与局部的比例，如图 2-3-1 所示。

图 2-3-1

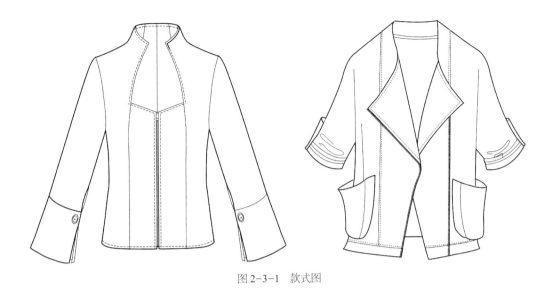

图 2-3-1　款式图

以羽绒服为例，讲解服装款式图整体绘制技法。

【案　　例】羽绒服款式图绘制方法

【使用工具】描边工具、定义图案画笔、变形工具、晶格化工具

1. 绘制款式图

首先选择"直接选择工具"，再选择"钢笔工具"，按住"Ctrl"键两个工具可以来回切换，直接绘制如图 2-3-2 所示图形（可以配合人台绘制，也可以直接绘制），线段粗细设置为1pt。使用钢笔工具绘制育克线，菜单栏中选择"描边"工具，在描边对话框中设置虚线值如图 2-3-2 所示。

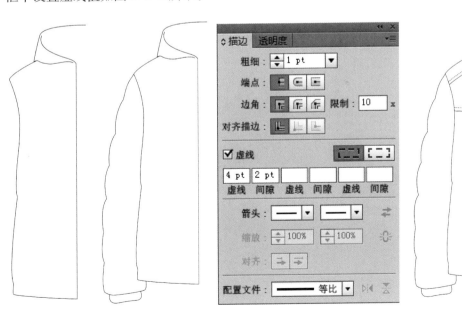

图 2-3-2　绘制羽绒服款式图

2. 绘制图案画笔

（1）使用"直线段工具"拖动鼠标绘制一条直线段，长度为全部衣身的一半。在属性面板中设置线段粗线为 0.25pt，如图 2-3-3 所示。使用"钢笔工具"绘制线段周围的褶裥，选择褶裥及直线段，鼠标右键"编组"，如图 2-3-4 所示。

（2）从菜单栏"窗口"下拉框中选择"画笔"，弹出"画笔"对话框，如图 2-3-5 所示。"画笔"对话框与属性面板中的"画笔定义"性质一样。

（3）选择刚刚绘制的图形，按住鼠标左键不松，把图形拖到画笔对话框中，弹出如图 2-3-6 所示，选择图案画笔，单击确定，弹出如图 2-3-7 所示，直接单击确定按钮。此时刚刚新键的图案画笔会显示在"画笔对话框"里或者属性面板中的"画笔定义"里，如图 2-3-8 所示。新建画笔作为一种画笔以后可以随时使用。

3. 绘制褶纹

在工具栏中选择"画笔工具" ，再单击属性面板"画笔定义"或"画笔对话框"中刚刚新建的图案画笔，直接在衣身上画出褶纹，如图 2-3-9 所示。也可以在工具栏中选择"钢笔工具"，在衣身需要画分割线的地方画出线段，然后选择这些线段，再单击"画笔对话框"中刚刚新建的图案画笔，此时刚所选的线段变成了图案画笔线段。

小贴士

改变新建图案画笔颜色：双击"画笔对话框"中刚刚新建的图案画笔，弹出图 2-3-7 所示，在对话框中设置"着色""方法""色调"，

图 2-3-3　绘制图案画笔①

图 2-3-4　绘制图案画笔②

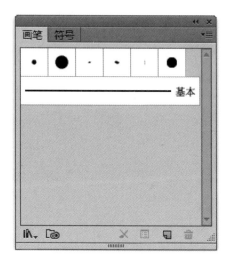
图 2-3-5　画笔对话框

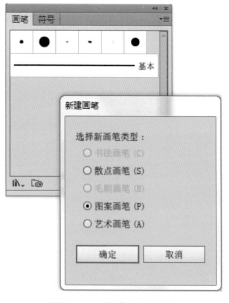
图 2-3-6　新建画笔对话框

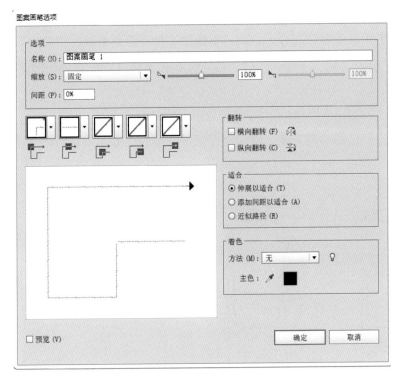

图 2-3-7　图案画笔选项对话框

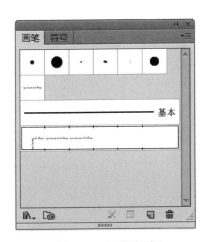

图 2-3-8　画笔对话框

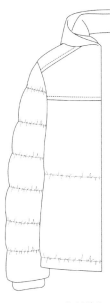

图 2-3-9　绘制皱纹

单击确定。在画面中用刚刚新建的图案画笔画一条线段，在工具栏下方双击"描边" ，弹出"拾色器"对话框，选择颜色即可。

4. 绘制口袋

用钢笔工具、几何形工具绘制口袋，如图 2-3-10 所示。

对于口袋细节，可以重新绘制，也可以在原图形上面修改。比如下边口袋盖，选择口袋盖，按"Ctrl+C"键，再按"Ctrl+F"键，原位复制一个，按住"Shfit"键和"Alt"键，缩小袋盖，再用"直接选择工具"调节锚点，如图 2-3-11 所示。

5. 绘制口袋扣子

用几何形工具绘制口袋扣子，用"直线段工具"绘制罗纹，用几何形工具绘制图形时，配合使用"Ctrl""Shfit""Alt"键，看看在绘制过程有什么不同，如图 2-3-12 所示。

6. 完成羽绒服左侧绘制

羽绒服左侧已经绘制完毕，检查是否有不合理的地方，如有问题继续调节，直到满意为止。

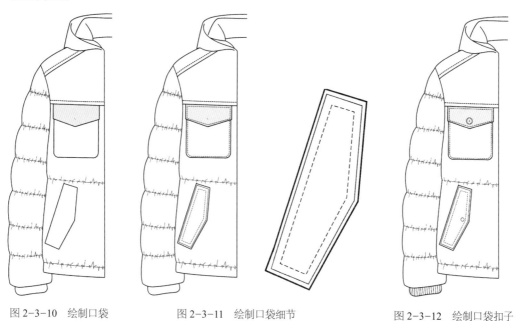

图 2-3-10　绘制口袋　　　　图 2-3-11　绘制口袋细节　　　　图 2-3-12　绘制口袋扣子

7. 镜像复制右侧羽绒服

框选所有图形，鼠标右键"编组"，选择编组的图形在工具栏中双击"镜像工具"，弹出对话框"确定"。用选择工具选择图形，按"Shfit"键水平移动图形，如图 2-3-13 所示。

小贴士

编组的图形取消编组：选编组的图形，鼠标右键"取消编组"即可。选择图形后鼠标右键常用的功能有：编组命令、排列层次命令、剪切蒙版命令、选择命令等。

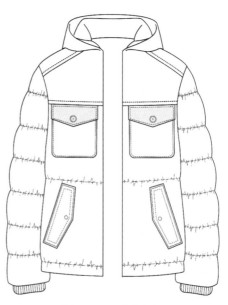

图 2-3-13　镜像复制

8. 绘制细节

用"钢笔工具""虚线工具"绘制完成其他细节，如图 2-3-14 所示。

图 2-3-14　绘制细节

小贴士

"宽度工具""改变画笔大小""调整画笔强度"方法如下：

①在工具栏中单击"宽度工具"，按住鼠标左键不松，隐藏的图形被显示出来，不要松开鼠标左键，移动鼠标至最右端箭头处，松开鼠标左键，隐藏的工具全部被调出，如图 2-3-15 所示。在画面中绘制一个长方形，选择长方形，单击变形工具的倒数第

图 2-3-15　变形工具对话框

二个工具，晶格化工具，在长方形的线段上按住鼠标左键拖动鼠标观察变化，用同样方法依次试验其他几个工具，如图 2-3-16 所示。

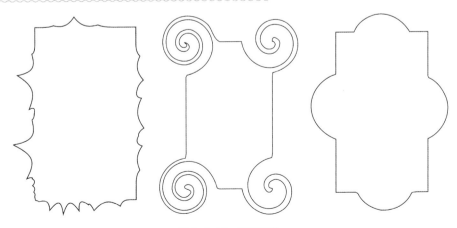

图 2-3-16　变形图形

②改变画笔大小：首先选择一种变形工具，按住"Alt"键不松，在画面中上下左右拖动，会改变画笔大小。

③调整画笔强度：双击任何变形工具，弹出对话框，对话框中有很多设置项，选择对应项，在对话框中调节强度即可，如图 2-3-17 所示。

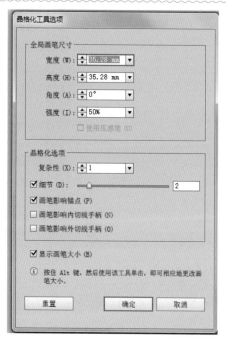
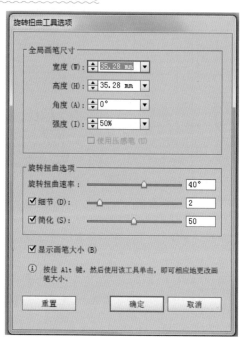

图 2-3-17　工具选项

9. 羽绒服领子褶皱绘制

选择羽绒服领子部分，选择变形工具中的"褶皱工具"，在线段上点击鼠标左键并移动，图形随机会发生变化，如图 2-3-18 所示。

10. 加粗轮廓线

用"选择工具"选择外轮廓线，在属性面板中输入数值调整线段粗细，如果轮廓线与内部线相连接，用"直接选择工具"选上该连接锚点，在属性面板中单击"在所选锚点处剪切路径"，线段在锚点处会被断开，成为两条不相连的线段，如图 2-3-19 所示，羽绒服绘制完成。

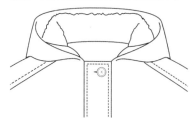

图 2-3-18　绘制领子褶皱

图 2-3-19　羽绒服（完成图）

小贴士

　　绘制线稿款式图的工具基本讲完，还有一些不经常用到的工具简述如下：

　　①工具栏中"魔棒"工具，不论画面中有多少图形，用"魔棒"工具单击图形，相同性质的图形会被选择，比如填色一样的图形，描边粗细一样的图形，描边颜色一样的图形，双击魔棒工具会弹出对话框。

　　②工具栏"套索"工具，凡是套索工具框选的图形都会被选择。

　　③工具栏"画笔"工具，使用"画笔"工具时，要在属性面板"画笔定义"里选择一种画笔类型，如果画笔类型较少，可以打开画笔库。

　　④"画笔"工具下隐藏"斑点画笔"工具，"斑点画笔"工具画出的线段，线段周围会出现锚点，选择锚点可以调节。

　　⑤工具栏"橡皮擦"工具，先选择线段，再选择"橡皮擦"工具，可以擦除线段，擦除线段时，注意线段是否存在变形。

　　⑥"橡皮擦"工具下隐藏的"剪刀"工具，选择线段，可以用"剪刀"工具剪断线段。

第四节　服装款式图的图案与肌理绘制技法

　　服装面料之所以能够呈现出美丽的外观，是由于面料图案和各种肌理。常见服装面料有牛仔、蕾丝、纱、毛皮、针织、粗花呢等，本节学习的内容主要为各种图案和面料质感的表现。

一、印染图案的绘制技法

【案　例　一】文字印染图案

【使用工具】选择工具、钢笔工具、实时上色、画笔样式、拾色器

1. 绘制 T 恤款式图

　　根据前面章节所学知识，运用钢笔工具绘制 T 恤款式图如图 2-4-1 所示。T 恤款式图要求比例正确、线条流畅，所有区域必须完全闭合。

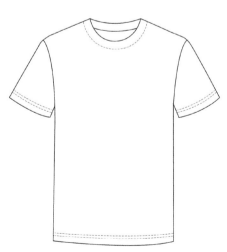

图 2-4-1　T 恤（线稿图）

2. 填充颜色方法

（1）基本填色法

当要填充颜色的区域是由几何形工具或其他绘图工具（钢笔、画笔）一次绘制完成，可以运用基本填色法，如图 2-4-2 所示。选择该图形，双击工具栏下方的填色 （左上方框），弹出"拾色器"对话框，如图 2-4-3 所示，首先在色相条中选择基本色相，再在矩形框中选择合适色彩，也可以在右边直接输入数值选择颜色，单击确定按钮，颜色填充完成，单击工具栏下方的 描边（右下方框），给描边打斜杠，即不描边，如图 2-4-4 所示。

图 2-4-2 多边形

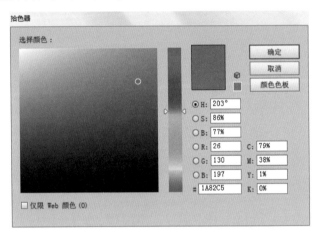

图 2-4-3 拾色器

图 2-4-4 多边形填色

（2）实时上色法

当要填充颜色的区域是由多个图形组合而成，可以运用实时上色法。如图 2-4-5 所示，按照基本上色法是无法给两个圆环中间重叠区域上色，这时我们可以运用实时上色工具，首先框选全部图形，单击"对象"命令菜单，从下拉菜单中选择"实时上色""建立"。鼠标放置在工具栏中的"形状生成器工具"上，单击鼠标左键不松，移动鼠标选择 "实时上色选择工具"。用"实时上色选择工具"，单击要选择上色的区域如图 2-4-6 所示，双击工具栏下方的填色工具 ，弹出拾色器，选择合适颜色，上色完成如图 2-4-7 所示。

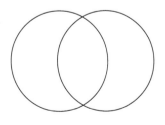

图 2-4-5 图形①

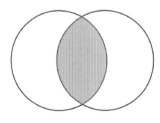

图 2-4-6 图形②

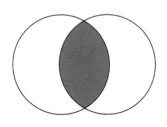

图 2-4-7 图形③

3. 实时上色法填充款式图颜色

（1）选择刚刚绘制完成的 T 恤款式图，T 恤款式图必须是封闭图形，不能有开口，务必所有图形全部被选中，不要遗漏。

（2）单击"对象"命令菜单，从下拉菜单中选择"实时上色""建立"。在工具栏中选择"实时上色选择工具"，按住"Shift"键不松，依次单击所有需要上色的区域，如图 2-4-8 所示，双击工具栏下方的"填色"，在拾色器中设置 HSB 值分别为 H-272，S-67，B-14，单击确定按钮，如图 2-4-9 所示。运用同样方法完成内部上色，HSB 值分别为 H-269，S-45，B-43，完成上色，如图 2-4-10 所示。

图 2-4-8　建立实时上色区域　　　　图 2-4-9　外部填色　　　　图 2-4-10　内部填色

4. 文字图案的绘制

（1）工具栏中选择"画笔工具"，工具栏下方，填色与描边设置如图标，表示不需要填充颜色，只需要描边。

（2）在属性面板中"描边"设置为 0.75pt，单击属性面板"画笔定义"下拉箭头，出现下拉框，单击下拉框右上角，选择打开画笔库，如图 2-4-11 打开画笔库，画笔库中包含多种画笔形式，选择"艺术效果""艺术效果_水彩"，弹出"艺术效果_水彩"对话框，如图 2-4-12 所示。选择任意一种画笔样式，画笔类型设置完毕。

（3）工具栏中选择"画笔工具"，在属性面板画笔定义下拉框中选择刚刚的"水彩描边"画笔，双击工具栏下方的"描边"，在弹出的拾色器中设置颜色 R-198，G-152，B-74，用画笔工具写（画）出"EVERY"英文字母。完成以后，对不合适的地方运用"直接选择工具"调整，对文字的笔画进行细节调节以及改变描边值，如图 2-4-13 所示。

（4）运用同样方法依次写（画）出"THING""WILL""BE""OK"，画笔样式任意选择，拾色器颜色值可以随意设置，例如设置"THING"：R-33，G-146，B-139；"WILL"：R-165，G-70，B-62；"BE"：R-165，G-70，B-62；"OK"：R-15，G-127，B-105；"横线"：R-222，G-134，B-25。最终效果如图 2-4-13 所示。

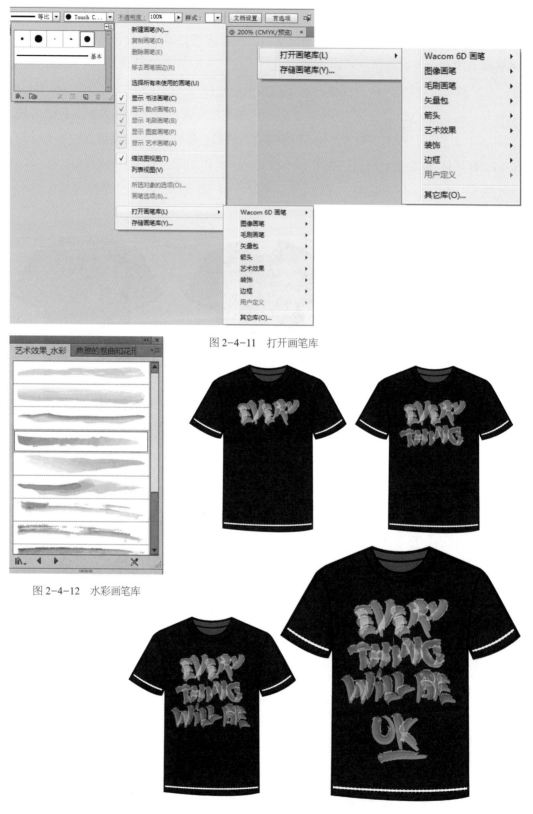

图 2-4-11　打开画笔库

图 2-4-12　水彩画笔库

图 2-4-13　文字印染图案（完成图）

小贴士

画笔颜色的调节有两种方法。

①在拾色器中选择合适的颜色；

②单击画笔定义右侧下拉箭头，出现下拉框，双击任意一种画笔样式，出现画笔选项对话框，在"着色""方法"中可以选择"颜色"，对话框除了可以变换颜色，还包含更改画笔名称以及调节画笔方向等内容。在选择画笔样式时，务必先在工具栏中选择"画笔工具"。

【案 例 二】图形印染图案

【使用工具】符号、钢笔工具、实时上色、画笔样式、拾色器、描摹

1. 绘制T恤款式图

选择上节绘制的T恤款图，删除编写的英文字母。全选款式图，单击"对象"命令菜单，从下拉菜单中选择"实时上色""释放"。款式图"释放"以后恢复到最开始的状态，调节细节，如图2-4-14所示。

2.T恤款式图上基本底色

（1）选择刚刚绘制完成的T恤款式图，务必所有图形全部选中，不要遗漏。单击"对象"命令菜单，从下拉菜单中选择"实时上色""建立"。鼠标放置在工具栏中的"实时上色工具"上或形状生成器上，单击鼠标左键不松，移动鼠标选择"实时上色选择工具"。

（2）用"实时上色选择工具"，按住"Shift"键不松，依次选择所有需要上色的区域，双击工具栏下方的填色工具，HSB值分别为H-0，S-0，B-93，单击确定按钮，如图2-4-15所示。

（3）运用"实时上色选择工具"，按住"Shift"键，依次选择需要加粗的线，粗细

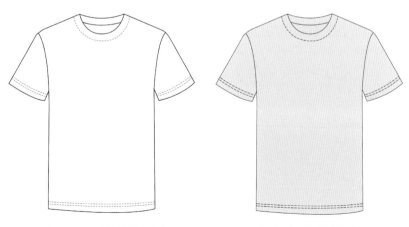

图2-4-14　T恤（线稿图）　　　　　　　图2-4-15　填充颜色

设置为 1.5pt，选择线段时，由于有些部分比较小，所以一定要配合工具栏的"缩放工具""抓手工具"来放大画面和移动画面，"缩放工具"快捷键为"Z"，"抓手工具"快捷键为按住"空格键"不松，拖动鼠标即可，如图 2-4-16 所示。

图 2-4-16 加粗轮廓线

小贴士

"实时上色选择工具"不但可以选择区域，还可以选择线段，把鼠标放在线段上点击即可选择。通常情况下会按住"Shift"键，依次选择所要的线段。

3. 绘制图案

（1）运用钢笔工具绘制两个不规则长方形，选择这两个图形，双击工具栏下方的填色，弹出"拾色器"对话框，首先在色相条中选择基本色相，再在矩形框中选择合适颜色，也可以在右边直接输入数值选择颜色 H-240，S-23，B-74，单击"确定"按钮，再次选择两个长方形，工具栏下方设置不描边，如图 2-4-17 所示。

（2）两个长方形在 T 恤衫中的位置，如图 2-4-18 所示。

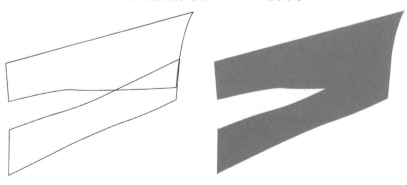

图 2-4-17 绘制图案①

（3）单击属性面板"画笔定义"下拉箭头，出现下拉框，单击下拉框右上角▼≡，选择"打开画笔库""艺术效果""艺术效果_粉笔炭笔铅笔"，弹出如图 2-4-19 所示艺术效果粉笔炭笔铅笔对话框。

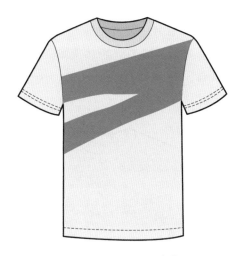

图 2-4-18　绘制图案②　　　　　　　图 2-4-19　粉笔炭笔铅笔对话框

（4）工具栏中选择"画笔工具"，单击工具栏下部"填色"方框，单击图标右下角的"无"按钮，表示不需要填充颜色。双击工具栏下部"描边"方框，弹出"拾色器"对话框，颜色设置为白色。

（5）在控制面板中"描边"设置为 0.5pt，在"粉笔炭笔铅笔"对话框中选择"炭笔羽化"，在画面中绘制一条线段，如果线段不合适可以用"直接选择工具"调节锚点，如果锚点太多，可以先选上该线段，再选择钢笔工具，把钢笔工具移动到锚点上，钢笔工具图标旁边出现"−"减号，点击锚点，锚点即会消失，再次点击会增加锚点。也可以用"钢笔工具"直接绘制一条线段，选上该线段，在"画笔对话框"中单击任一画笔类型，调节粗细即可，如图 2-4-20 所示。

（6）再次打开画笔库。打开"装饰""典雅的卷曲和花型画笔组合"，弹出如

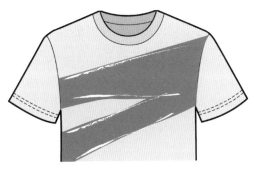

图 2-4-20　绘制图案③

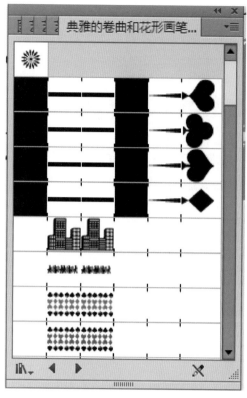

图 2-4-21 典雅的卷曲和花型画笔组合对话框

（8）用同样的方法，绘制其他线型，如图 2-4-24 所示。

（9）菜单栏"窗口"下拉菜单，选择"符号"，弹出"符号"对话框，如图 2-4-25 所示。

（10）单击对话框左下角图标，弹出对话框，选择"至尊矢量包"，如图 2-4-26 所示。

（11）单击"至尊矢量包 13"，点击鼠标左键不松，把"至尊矢量包 13"拖出，点击右键选择"断开符号链接"，删除左一半图形，选择另一半，在工具栏下方填色处给"至尊矢量包 13"填充为白色，然后放置在衣服上，如图 2-4-27 所示。

图 2-4-21 所示典雅的卷曲和花型画笔组合对话框。用"钢笔工具"绘制一条线段，如图 2-4-22 所示。

（7）选择该线段，在"典雅的卷曲和花型画笔组合"对话框中单击"双波形"画笔类型，线段变的非常粗，在属性面板中描边粗细设置为 0.15pt，如图 2-4-23 所示。

图 2-4-22 绘制图案④

图 2-4-23 绘制图案⑤

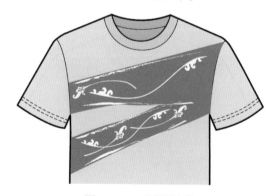

图 2-4-24 绘制图案⑥

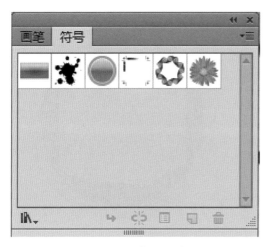

图 2-4-25　符号对话框

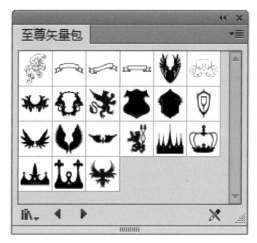

图 2-4-26　至尊矢量包对话框

图 2-4-27　至尊矢量包 13

图 2-4-28　至尊矢量包 21

（12）运用同样方法，选择"至尊矢量包 21"，填充颜色为白色。把两个图案符号放置在衣服合适位置，如图 2-4-28 所示。

（13）选择工具栏中的文字工具，在画板中单击，出现输入光标，输入英文字母"LOS ANGELES"。输入完成后，用"选择工具"选择英文字母，在属性面板中设置字体为"Georgia"，调整字号大小。文字填色为白色，描边为蓝色。

（14）把文字调整为合适大小后，选择此英文词语，在菜单栏中单击"效果"命令，出现下拉菜单中选择"3D- 凸出和斜角"，出现"3D 凸出和斜角选项"对话框，如图 2-4-29 所示。

（15）勾选"预览"，选择对话框中的正方体，单击鼠标左键不松，调整透视效果，略微有一点透视即可，调整时可以实时预览，如图 2-4-30 所示。

（16）选择经过立体的英文字母，在菜单栏中单击"效果"命令，出现下拉菜单，选择"变形""弧形工具"，出现"变形选项"对话框，如图 2-4-31 所示，勾选"预览"，滑动弯曲滑块，调整文字弧度直至合适为止，如图 2-4-32 所示。

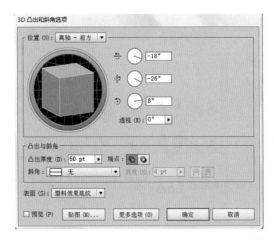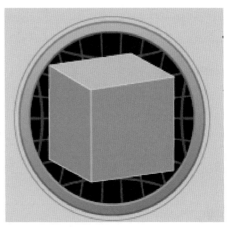

图 2-4-29　3D 凸出和斜角选项

图 2-4-30　文字

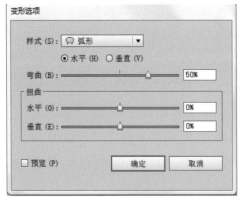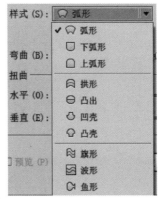

图 2-4-31　弧形对话框

LOS ANGELES

图 2-4-32　文字弧形

（17）把调整好的英文字母放入 T 恤中，运用同样方法输入英文字母"GREEN"，调整合适大小，如图 2-4-33 所示。

（18）在菜单栏中单击"文件"命令，出现下拉菜单选择"置入"命令，出现置入对话框，选择随书网络教学资源第二章第四节"越野车"图片，单击确定，如图 2-4-34 所示。

（19）选择该图片，在控制面板中点击"嵌入"，嵌入表明和外部断开连接，在控制面板中单击"图像描摹"右边的下拉箭头，在下拉框中选择"黑白徽标"，效果如图2-4-35所示。

（20）选择经过实时描摹的图片，单击属性面板中的"扩展"命令，扩展以后图片由位图变成了矢量图，会出现很多锚点，此时我们可以任意编辑。

（21）再次框选越野车的所有部分，右键"取消编组"，多次取消编组，直至不能取消为止。

（22）运用"选择工具"选择不需要的锚点删除，主要是轮胎，车窗白色部分。用钢笔工具沿越野车外轮廓画一个封闭图形，如图2-4-36所示。

（23）框选越野车所有部分以及刚刚绘制的封闭线框，鼠标右键"建立剪切蒙版"，如图2-4-37所示。

（24）把调整好的图片放到T恤款式图中，调整合适大小及位置，在属性面板中调整越野车透明度。款式图绘制完成，如图2-4-38所示。

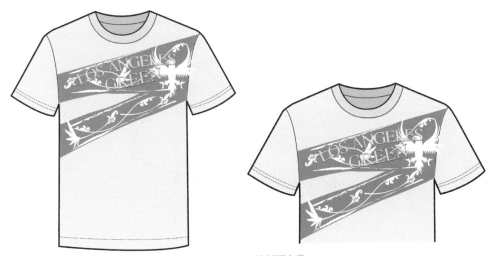

图2-4-33　绘制图案⑦

图2-4-34　越野车①

图2-4-35　越野车描摹效果

图 2-4-36　越野车②

图 2-4-37　越野车③

图 2-4-38　图形印染图案（完成图）

小贴士

①建立剪切蒙版的原则，被剪切的图形要在下边，画的框要在上边，并且所画的框务必是封闭图形。建立剪切蒙版时务必两个图形都要选上，剪切图形可以是矢量图形，也可以是位图图形。

②描摹位图图形，实质是把位图变成矢量图，可以描摹彩色图片，也可以描摹手绘的线稿图。

二、镂空图案的绘制技法

【案 例 一】蕾丝上衣

【使用工具】实时上色、渐变填色、色板库、旋转工具

1. 绘制款式图线稿

（1）从网络教学资源中打开第二章第四节"蕾丝上衣（线稿图）"文件，如图 2-4-39 所示。由于我们在前面章节中已经讲过款式图绘制的方法，此部分就不再讲解款式图的线稿绘制，选择款式图，在属性面板设置描边值为 0.25pt。

（2）检查已经绘制好的款式图是否有未闭合的部位，如图 2-4-40 所示。如有未封闭区域，运用"直接选择工具"调节锚点使图形封闭。使用"实时上色工具"上色时，如果两个区域未区分开，颜色将连成一体。

图 2-4-39　蕾丝上衣（线稿图）

2. 填充颜色

（1）运用"选择工具"框选所有图形，选择工具栏中"形状生成工具"中隐藏的 "实时上色工具"，在工具栏中双击"填色"，在拾色器中设置颜色 H-200，S-29，B-91。用"实时上色工具"单击要上色的区域，如图 2-4-41 所示。

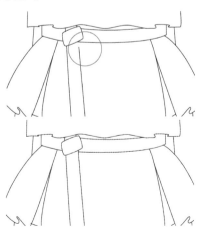

图 2-4-40　封闭图形

图 2-4-41　填充颜色①

小贴士

实时上色有两种方法：

①方法一，框选要实时上色的图形，不要有遗漏，在"对象"下拉菜单中选择"实时上色""建立"，在工具栏中选择"实时上色选择工具"，选择要上色的区域，在工具栏"填色"中的添加颜色。

②方法二，框选要实时上色的图形，不要有遗漏，选择工具栏中"实时上色工具"，在工具栏"填色"中选择颜色，用"实时上色工具"单击要上色的区域。

③在用实时上色时，如果有线段或图形在开始时没有框选将无法给该区域上色，解决办法：选择已经实时上色的图形和漏选的图形（线段），"对象"下拉菜单中选择"实时上色""合并"即可。对于实时上色的图形如何恢复到最开始的状态：选择实时上色图形，"对象"下拉菜单中选择"实时上色""释放"即可。

（2）用实时上色的任意一种方法给腰带施加深绿色，给袖口施加白色，同时用长方形工具绘制一个长方形，施加颜色 H-192，S-82，B-13，不描边。选择长方形右键"排列""置于底层"，如图 2-4-42 所示。

（3）用钢笔工具在领口、袖口绘制阴影图形，选择这些图形施加颜色 H-194，B-51，S-70，调节透明度。这些图形只是施加颜色，不描边。绘制阴影时，可以先把款式图"锁定"，如图 2-4-43 所示。

图 2-4-42　填充颜色②

图 2-4-43　绘制阴影

3. 渐变工具使用方法

（1）衣摆处的明暗主要运用 ◨ "渐变工具"完成，"渐变工具"的使用方法：在画面空白处绘制长方形，如图 2-4-44 所示，双击工具栏中的"渐变工具"，弹出渐变工具对话框，如图 2-4-45 所示。

图 2-4-44 长方形①

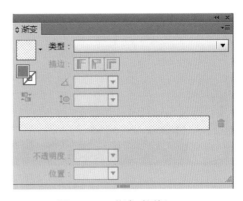

图 2-4-45 渐变对话框

（2）保证长方形处于选择状态，在对话框的中间白色长条上单击一下，在长条的两端出现"渐变滑块"，"渐变滑块"用来调节颜色。单击任一滑块，滑块上边的三角出现黑色，表明此滑块被选择，再双击工具栏"填色"，任意选一种颜色。用同样的方法选择另一滑块施加颜色。这时，长方形上的颜色与对话框中施加的颜色一致，如图 2-4-46 所示。

（3）单击对话框彩色长条下方，可以增加滑块，每一个滑块都可以施加颜色，并且在"不透明度"处调节透明度。选择滑块，单击右边"垃圾桶"可以删除滑块。在对话框中可以设置渐变类型"线性"和"径向"。

（4）选择渐变的长方形，单击工具栏中的"渐变工具"，在长方形上出现"长条"，拖动鼠标可以改变"长条"方向和长短，"长条"颜色值与对话框的颜色是一致的。如图 2-4-47 所示。

4. 绘制衣摆明暗关系

（1）在衣摆处绘制三个不规则三角形，此图形为衣摆暗处，如图 2-4-48 所示，绘制时可以把款式图锁定。

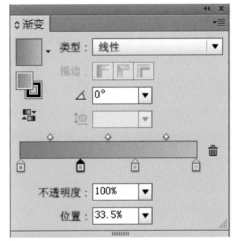

图 2-4-46 长方形②

图 2-4-47 长方形③

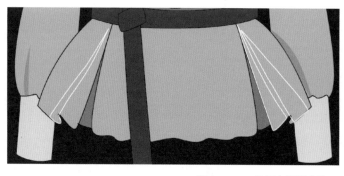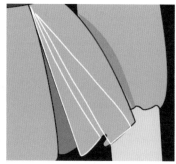

图 2-4-48　绘制衣摆明暗①

（2）选择最右边的三角形，双击"渐变工具"，在弹出的渐变对话框中设置两个滑块的颜色值同为 H-191，S-47，B-63。选择最右边的滑块，透明度设置为"0"，最左边滑块透明度设置"50"，设置的目的是可以使暗处颜色和衣摆颜色融为一体，透明度值的大小可以根据实际效果进行调整，并不是固定值。

（3）保证三角形图形是处于选择状态，单击工具栏"渐变工具"，图形上出现"长条"，按照如图 2-4-49 所示，拖动鼠标改变长条方向。选择三角图形，设置不描边。运用同样方法给另外两个三角形施加渐变色，如图 2-4-50 所示。

图 2-4-49　绘制衣摆明暗②

（4）用"钢笔工具"继续绘制三个长方形，如图 2-4-50 所示，用渐变工具给三个图形施加渐变色，颜色值保持一致，注意调节透明度，如图 2-4-51 所示。

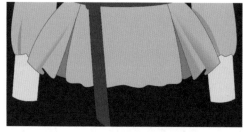

图 2-4-50　绘制衣摆明暗③

（5）选择刚刚施加渐变色的三角形，从菜单栏"效果"命令下拉菜单中选择"模糊""高斯模糊"，单击预览，模糊值根据效果设置为 1-2 之间，单击"确定"，如图 2-4-52 所示。用同样的方法给另外两个三角形施加渐变、模糊，如图 2-4-53 所示。

（6）用钢笔工具在款式图相应位置画四个三角形，如图 2-4-54 所示，同样施加渐

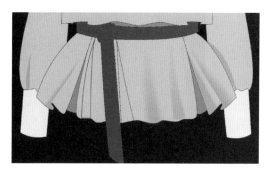

图 2-4-51　绘制衣摆明暗④

图 2-4-52　绘制衣摆明暗⑤

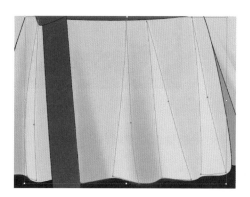

图 2-4-53　绘制衣摆明暗⑥

图 2-4-54　绘制衣摆明暗⑦

变色，两个滑块颜色值同设为纯白色，根据效果调节两个滑块的透明图，通常情况下，其中一个滑块透明度设置为 0，另一滑块自行设定，调节渐变的方向，线性渐变。运用高斯模糊调节模糊值，设置在 1 ~ 2 之间，效果如图 2-4-55 所示。

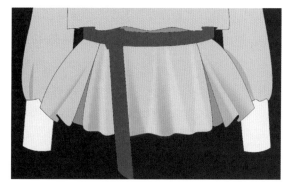

图 2-4-55　绘制衣摆明暗⑧

5. 绘制袖子部位的明暗关系

（1）用钢笔工具直接绘制暗部和亮部，添加白色和深蓝色，不描边，不施加渐变，直接高斯模糊，在属性面板中调节透明度。

（2）用"画笔工具"画出一条线，适当调节线的粗细，不填色，用白色描边，施加高斯模糊。

（3）用"画笔工具"隐藏的"斑点画笔工具"画出暗部或亮部，用"直接选择工具"调节斑点画笔所画线周边的锚点，如图 2-4-56 所示。

图2-4-56　绘制袖子明暗

6. 绘制袖口镂空面料

（1）用"实时上色选择工具"单击袖口，袖口被选择。按"Ctrl+C"键，再按"Ctrl+V"键，袖口被复制出来，用选择工具把复制的袖口移开。

（2）选择被复制的袖口，菜单栏"窗口"下拉框中单击"色板库""图案""基本图形"_纹理"，弹出"纹理对话框"，如图2-4-57所示。

（3）从对话框选择"复制表面"，在属性面板中调节透明度为35，再复制一份袖口，从"纹理对话框"中选择"铜板雕刻"，在属性面板中调节透明度为40。把两个图形叠加在一起，右键编组，如图2-4-58所示。把编组的图案放置在款式图袖口部位。用同样方法完成另一袖口。

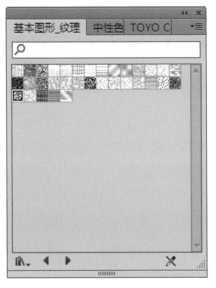

图2-4-57　纹理对话框

图2-4-58　绘制镂空面料

7. 绘制衣身蕾丝

（1）用"椭圆形工具"配合"Shift"键，绘制一个正圆，在属性面板中调节粗细0.75pt，不填色，如图 2-4-59 所示。用"直接选择工具"选择最下边的锚点，往下移动，在属性面板中把锚点改为尖角，如图 2-4-60 所示。

（2）选择刚刚绘制的图形，按下"Ctrl+C"键，再按"Ctrl+F"键，在原位复制了一个图形。

（3）单击选择图形，同时按"Alt"和"Shift"键，把鼠标移动到图形角处，按住鼠标左键不松，拖动鼠标，图形被缩小。缩小的图形不描边，填充白色，如图 2-4-61 所示。

（4）用直线段工具在图形里边绘制一些线段，线段与线段的间隙不一样，线段粗细在属性面板中手动输入数值，用"几何形工具"在里边绘制一些几何形，如图 2-4-62 所示。

图 2-4-59　蕾丝①　　　图 2-4-60　蕾丝②　　　图 2-4-61　蕾丝③　　　图 2-4-62　蕾丝④

（5）把刚刚绘制的图形全部选择，右键编组。用"选择工具"选择编组的图形，再选择工具栏中的"旋转工具"，单击图形下方的尖角处（此项操作目的使图形中心点转移到尖角处），按住"Alt"键不松，把鼠标移动到图形轮廓线上，单击鼠标左键不松，往右拖动鼠标，图形被复制出来，如图 2-4-63 所示，按"Ctrl+D"键（重复上一步操作），图形再次被复制，多次按"Ctrl+D"键，直到形成一个闭环，如果最后空隙过大或者过小，按住"Ctrl+Z"键倒退，恢复开始状态。重复刚才的步骤，注意改变复制图形的间隔大小，直到满意，如图 2-4-64 所示。

 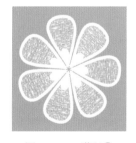

图 2-4-63　蕾丝⑤　　　　图 2-4-64　蕾丝⑥

（6）选择刚刚复制的所有图形右键编组，菜单栏"效果"下拉框单击"风格化""投影"，弹出"投影"对话框，如图 2-4-65 所示。单击勾选预览，根据实时预览效果，调节对话框中的数值，双击对话框的色块，弹出拾色器，在拾色器里选择蓝色作为投影（投影颜色不要太深），单击确定，如图 2-4-66 所示。

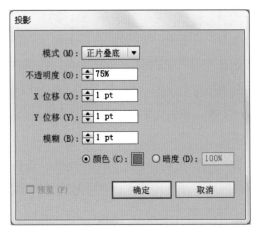

图 2-4-65 "投影"对话框

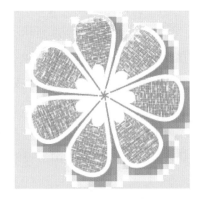

图 2-4-66 蕾丝⑦

（7）选择蕾丝，复制多个蕾丝单元并编组，如图 2-4-67 所示。用"实时上色选择工具"单击衣身，按"Ctrl+C"和"Ctrl+V"键复制，如图 2-4-68 所示。

（8）用"选择工具"选择复制的衣身，只描边不填色，并移动放置在如图 2-4-69 所示。选择所有蕾丝，同时选择刚刚复制衣身线框（线框要在蕾丝上边），右键"建立剪切蒙版"，如图 2-4-70 所示。

图 2-4-67 蕾丝⑧

图 2-4-68 衣身

图 2-4-69 衣身线框

图 2-4-70 建立剪切蒙版

8. 添加细节

剪切的图形放置在款式图衣身上边，用钢笔工具在蕾丝与蕾丝之间画一些线段，如图 2-4-71 所示。在衣身上边画一些阴影，调节透明度，渐变填色法在皮带上绘制高

图 2-4-71　蕾丝衣片

光，如图 2-4-72 所示，完成绘制。

【案 例 二】镂空背心

【使用工具】橡皮擦工具、变形工具、实时上色工具

1. 打开文件

从随书网络教学资源中打开第二章第四节"镂空背心（线稿图）"文件，如图 2-4-73 所示。由于我们在前面章节中已经讲过款式图绘制的方法，此部分不再讲解款式图的线稿绘制，选择款式图在属性面板设置描边值，内部结构线稍细，外轮廓线稍粗。

2. 填充颜色

选择镂空背心，菜单栏"对象"下拉框选择"实时上色""建立"。工具栏选择"实时上色选择工具"，选择要上色的区域，双击工具栏下方填色，在拾色器中设置颜色值 H-176，S-90，B-60，如图 2-4-74 所示。

3. 绘制镂空图案

（1）运用长方形工具绘制矩形，设置颜色值为 H-173，S-49，B-75，如图 2-4-75 所示。在工具栏中选择"橡皮擦工具"，在矩形中擦出分割图案，擦除时可以按住"Shift"键，如图 2-4-76 所示。

（2）也可以用钢笔工具直接绘制镂空图

图 2-4-72　蕾丝上衣（完成图）

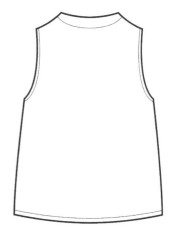

图 2-4-73　镂空背心（线稿图）

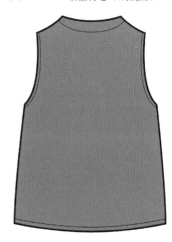

图 2-4-74　填充颜色

案，填充颜色，如图 2-4-77 所示。选择绘制的镂空图案，按住"Alt"键不松，移动鼠标再复制一份，在拾色器里把颜色调的稍微深一些，如图 2-4-78 所示。

图 2-4-75　镂空图案①

图 2-4-76　镂空图案②

图 2-4-77　镂空图案③

图 2-4-78　镂空图案④

（3）把复制的图与原图前后排放，稍错开一点深色图形作为投影，对浅色图形鼠标右键"排列""置于顶层"放置在上边，选择两个图形编组，如图 2-4-79 所示。

（4）选择编组的图形，菜单栏"效果"命令下拉框选择"变形""旗形"，弹出对话框，勾选"预览"，调节弯曲值，如图 2-4-80 所示。

（5）经过变形以后的图形如图 2-4-81 所示。

（6）用"实时上色选择工具"选择衣身，按下"Ctrl+C""Ctrl+V"键复制一份，复制的图形只描边，不填色。把复制的图形放在镂空图案上

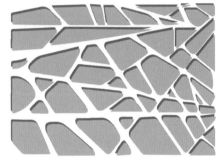
图 2-4-79　镂空图案⑤

边，调整到合适位置，如图 2-4-82 所示。框选复制的图形和镂空图案，鼠标右键"建立剪切蒙版"，如图 2-4-83 所示。

（7）把剪切的镂空图案放置在款式上边，如图 2-4-84 所示，此时图案挡住了部分外轮廓线。将镂空背心（线稿图）复制一份，如图 2-4-85 所示。

（8）把复制的图形放置在款式图上边（保证复制的款式图在顶层），如图 2-4-86 所示。

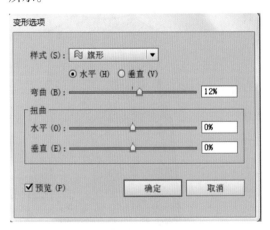
图 2-4-80　变形选项对话框

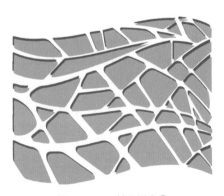
图 2-4-81　镂空图案⑥

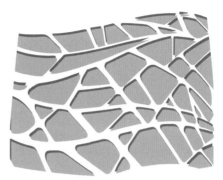

图 2-4-83　建立剪切蒙版

图 2-4-82　镂空图案⑦

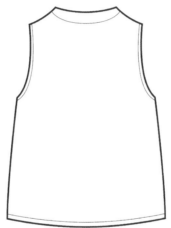

图 2-4-84　镂空背心①　　　　　　图 2-4-85　镂空背心（线稿图）　　　　图 2-4-86　镂空背心②

4. 绘制阴影

款式图基本绘制完成，用钢笔工具绘制衣身两侧阴影部分，注意调节透明度。在领口处画出领窝，如图 2-4-87 所示，并放置于领口上方，如图 2-4-88 所示，镂空背心绘制完成。

图 2-4-87　领窝

图 2-4-88　镂空背心（完成图）

实时上色图形特点：

①我们用电脑绘制的款式图，每一个区域都是由若干线段组合而成。很多线段组合而成的区域，用基本填色法无法上色，如果把很多个线段运用实时上色建立，他们将变成一个整体，可以用"实时上色选择工具"选择任何一个区域，填充颜色。

②也可以把这些区域复制出来，复制出来区域和实时上色图形没有关系，是一个独立的图形。

③对于实时上色的图形，如果某个区域填充了颜色，可以用"实时上色选择工具"选择该区域，单击键盘删除键，此处将变成镂空状态。

三、牛仔面料肌理的绘制技法

【案 例 一】牛仔裤

【使用工具】效果命令、实时上色、渐变上色、剪切蒙蔽、图层叠加

1. 打开文件

从随书网络教学资源中打开第二章第四节"牛仔裤（线稿图）"文件。如图 2-4-89 所示。由于我们在前面章节中已经讲过款式图绘制的方法，此部分就不再讲解款式图的线稿绘制，选择款式图，在属性面板设置描边值。

2. 牛仔裤款式图肌理表现

（1）选择牛仔裤款式图，务必所有图形全部选择，不要遗漏。单击"对象"命令菜单，从下拉菜单中选择"实时上色""建立"。鼠标放置在工具栏中的"形状生成"工具上，单击鼠标左键不松，移动鼠标选择"实时上色选择工具"。

（2）运用"实时上色选择工具"选择牛仔面料区域，如图 2-4-90 所示，依次按下键盘上的"Ctrl+C"和" Ctrl+V"键复制出来，用"选择工具"选择该图形，描边不填色，如图 2-4-91 所示。

（3）用"选择工具"框选复制的图形，选择工具栏中"形状生成器工具"，单击鼠标左键不松，从腰带处拖动鼠标经过口袋、裤身，凡是经过的区域会变成灰色，松开鼠标左键，所有区域合并成一体，如图 2-4-92 所示。

（4）选择刚刚处理过的图形，再复制一份，给复制的图形填充颜色：H-240，S-22，B-62，此图形为裤片底色，如图 2-4-93 所示。

（5）选择裤片底色图形，把该图形复制一份，施加菜单栏"效果"命令，从下拉框选择"像素化""铜板雕刻"，单击确定，如图 2-4-94 所示。

（6）选择该图形，属性面板调节透明度为"15%"，在菜单栏"编辑"下拉窗选择

"编辑颜色""转换为灰度"，如图 2-4-95 所示。

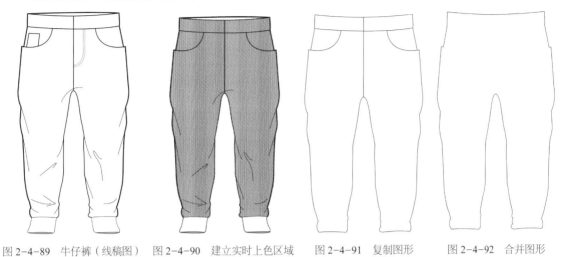

图 2-4-89　牛仔裤（线稿图）　图 2-4-90　建立实时上色区域　图 2-4-91　复制图形　图 2-4-92　合并图形

图 2-4-93　填充颜色　　　　　图 2-4-94　铜板雕刻效果　　　　图 2-4-95　调整颜色

（7）运用钢笔工具绘制一条倾斜的直线段，粗细为 0.75pt（粗细值可以自行设置，数值大小影响肌理效果），按"Alt"键和鼠标左键，从原有线段中往下拉出复制一条线段，按键盘上的"Ctrl+D"键复制多条线段，复制的线段编组面积务必要大于裤子的大小，如图 2-4-96 所示。

（8）选择全部线段编组，菜单栏"效果""模糊""高斯模糊"，单击预览，模式设置为零点几（模糊程度自行设定），如图 2-4-97 所示。

（9）把最开始的牛仔裤线框图（即用"形状生成器"处理过的图形）放置在模糊

的线条上，牛仔裤线框图务必放置在顶层，线条要完全覆盖线框图，框选两个图形，鼠标右键"建立剪切蒙版"，调节透明度"80%"，如图 2-4-98 所示。

（10）选择底色图形，排列在底层，选择模糊处理的图形，排列在顶层。把三个图形重叠排列。底色图形在最下层，铜板雕刻处理的图形在中间，选择模糊处理的图形在顶层，如图 2-4-99、图 2-4-100 所示，根据实际效果调整每层的透明度，再把三个图形编组。

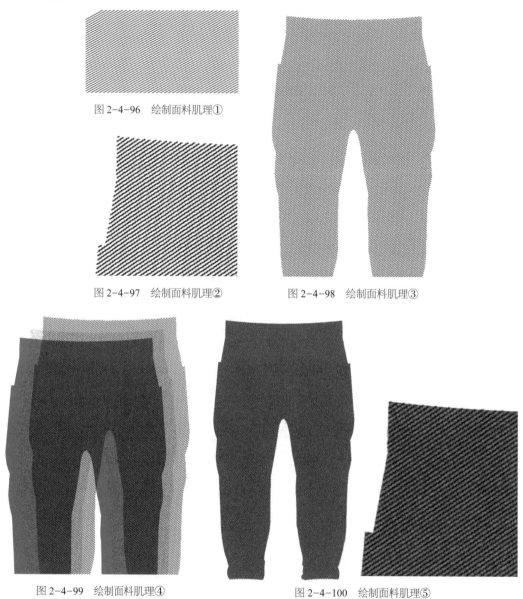

图 2-4-96　绘制面料肌理①

图 2-4-97　绘制面料肌理②　　　　图 2-4-98　绘制面料肌理③

图 2-4-99　绘制面料肌理④　　　　图 2-4-100　绘制面料肌理⑤

（11）把编组的图形放置在牛仔裤款式图上，编组的图形排列置于底层。绘制细节，比如辑明线、扣襻、口袋、门襟，细节直接用钢笔工具绘制线段即可，如

图 2-4-101 所示。

3. 牛仔裤磨白效果

（1）运用椭圆形工具绘制一个椭圆形放置在膝关节，大小如 2-4-102 所示，填充白色不描边。

（2）选择椭圆形，菜单栏"效果"命令下拉框"风格化""羽化"，弹出对话框，如图 2-4-103 所示，勾选"预览"，设定半径值，观察图形变化，单击"确定"，如图 2-4-104 所

图 2-4-101　绘制细节

示。如果不好，可以再调节属性面板中透明度。

（3）按照图 2-4-105 所示，绘制圆形、椭圆形，放置在相应位置。

（4）分别选择相应图形，菜单栏"效果"命令下拉框"风格化""羽化"，弹出对话框，勾选"预览"，设定半径值，观察图形变化，单击"确定"，如图 2-4-106 所示。如果效果不好，可以再调节透明度。

（5）选择工具栏"画笔工具"，在属性面板"画笔定义"中打开画笔库，打开"6d

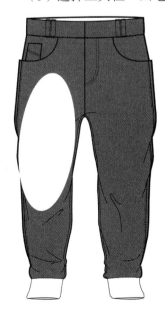

图 2-4-102　绘制磨白效果①

图 2-4-103　羽化对话框

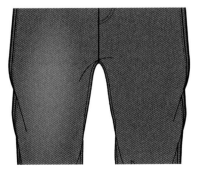

图 2-4-104　调节磨白效果①

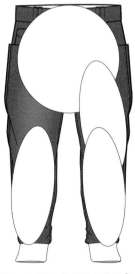

图 2-4-105　绘制磨白效果②

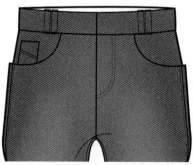

艺术钢笔工具"，弹出"6d 艺术钢笔工具"对话框，选择相应钢笔类型，在属性面板中调节粗细，绘制线段，如图 2-4-107 所示。

（6）绘制的每一条线段，在属性面板中调节线段透明度，数值设置在 5 ~ 10 之间，如图 2-4-108 所示。

（7）选择工具栏"斑点画笔工具"绘制一条直线段，如图 2-4-109 所示。再次选择"斑点画笔工具"，在"6d 艺术钢笔工具"中选择一种钢笔类型，绘制一条不规则线段，如图 2-4-110 所示。

图 2-4-106 调节磨白效果②

（8）选择不规则图形，选择工具栏"宽度工具"中隐藏的"晶格化工具"，在画面空白处，按住"Alt"键不松，按住鼠标左键不松，拖动鼠标，调节画笔大小。

（9）松开"Alt"键，用鼠标在不规则图形上拖动，不规则图形发生变化，如图 2-4-111 所示。选择图形，在属性面板中调节不透明度值，如图 2-4-112 所示。

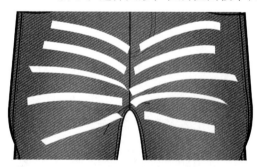

图 2-4-107 绘制磨白效果③

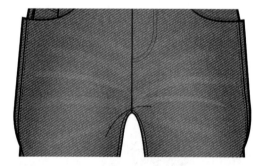

图 2-4-108 调节磨白效果③

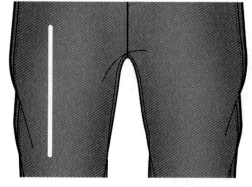

图 2-4-109 绘制磨白效果④

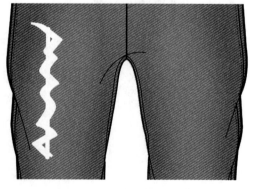

图 2-4-110 绘制磨白效果⑤

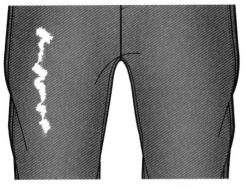
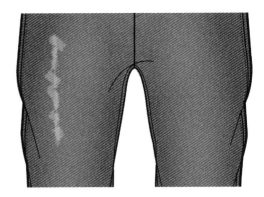

图 2-4-111　调节磨白效果④　　　　　　　图 2-4-112　调节磨白效果⑤

4. 绘制裤口罗纹肌理

（1）运用"实时上色选择工具"选择裤子裤口，按下"Ctrl+C""Ctrl+V"键复制一份并填充灰色，如图 2-4-113 所示。

（2）运用钢笔工具绘制一条线段，按住"Alt"键，鼠标左键将原有线段复制一条，多次按下键盘上的"Ctrl+D"键，复制多条线段。

（3）再次复制裤口，得到一个线框图，把复制的裤口线框图置在条纹上边，建立剪切蒙版，对建立剪切蒙版的图形施加高斯模糊，模糊值大概为 0.5 左右。

（4）把灰色图形放置在牛仔裤裤口上，把经过高斯模糊的条纹放置在上边，最终效果如图 2-4-114 所示。

图 2-4-113　绘制裤口罗纹

小贴士

①在绘制图形时，如果用选择工具双击图形，图形会进入到"隔离模式"，在此模式下，整个画面会变灰，并且只有被选择图形可以编辑，其他图形处于隔离状态，鼠标右键可以退出隔离模式。我们在绘制图形时，往往无意间会双击到某个图形，此时会进入隔离状态，鼠标

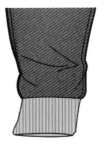

图 2-4-114　裤口罗纹

右键退出即可。

②当我们给某个图形上色时，如果明明填充有颜色，但是图形始终呈灰色显示，解决办法：菜单栏"窗口""颜色"，单击"颜色对话框"右上角，不要选择"灰色"模式即可。

5. 绘制牛仔裤扣子

（1）用椭圆形工具绘制一个正圆，不描边，填充黑色，如图 2-4-115 所示。

（2）复制一份正圆，选择复制的正圆，双击工具栏中的"渐变工具"，出现渐变对话框，点击对话框中任意的滑块，再双击工具栏下方的"填色"，分别给两个滑块设置颜色，渐变基本色设置完成，如图 2-4-115 所示。

（3）把两个正圆重叠排放，稍微错开一点，如图 2-4-115 所示。

（4）选择渐变的图形，再原位复制一份，并缩小，放置在中心。

（5）选择刚刚复制的圆形，双击"渐变工具"，弹出"渐变对话框"，在"类型"处将"线性"改为"径向"，调节长条方向。工具栏中单击"文字工具"，在空白处单击鼠标，输入英文字母"Kal"，在属性面板调节大小，不描边，只填色，如图 2-4-116、图 2-4-117 所示。

图 2-4-115　绘制扣子①

图 2-4-116　绘制扣子②

图 2-4-117　绘制扣子③

6. 绘制牛仔裤阴影

用钢笔工具绘制直线段或弧线分别在腰襻处、口袋处，如图 2-4-118 所示。选择刚刚绘制的阴影，在属性面板中调节透明度，如图 2-4-119 所示。

 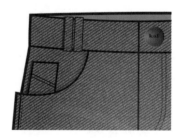

图 2-4-118　绘制阴影①　　　　图 2-4-119　绘制阴影②

7. 牛仔裤绘制完成图（2-4-120）

【**案 例 二**】牛仔衣

【**使用工具**】效果命令、文字工具、形状生成器、实时上色

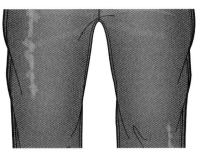

1. 打开文件

从随书网络教学资源中打开第二章第四节"牛仔衣（线稿图）"文件，如图 2-4-121 所示。由于我们在前面章节中已经讲过款式图绘制的方法，此部分就不再讲解款式图的线稿绘制，选择款式图，在属性面板设置描边值。

2. 绘制牛仔衣面料肌理

（1）框选所有图形，菜单栏"对象"命令下拉框"实时上色""建立"。用"实时上色选择工具"选择牛仔面料区域（领口不用选择），依次按下"Crlt+C"和"Crlt+V"键复制一份以后，用"选择工具"移开复制的图形，在工具栏下方给复制的图形填色 H–209，S–49，B–71，如图 2-4-122 所示。

（2）选择刚刚上色的图形，复制一份。用工具栏中的"形状生成器"在图形中拖动鼠标，松开鼠标，凡是形状生成器经过的区域合成一体，如图 2-4-123 所示。

（3）使用直线段工具画出一条水平线，选中该水平线，按住键盘"Alt"按键不放，点击鼠标左键

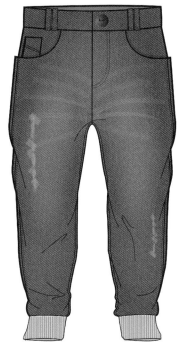

图 2-4-120　牛仔裤（完成图）

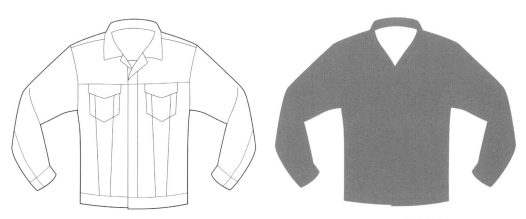

图 2-4-121　牛仔衣（线稿图）　　　　　图 2-4-122　填充颜色

向下平移复制，即可得到一条新的水平线，重复执行该动作，或使用快捷键"Ctrl+D"，绘制出一组线条。

（4）选中所有线条执行编组，或使用快捷键"Ctrl+G"。线条描边为蓝色（选择颜色的时候请注意，线条的蓝色应比牛仔布的蓝色重）。

（5）在上方菜单栏中执行"效果""画笔描边""喷色描边"，如图 2-4-124 所示。

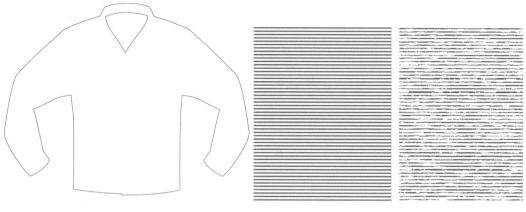

图 2-4-123　合并形状　　　　　　　　　　　图 2-4-124　绘制面料肌理

（6）选中这组线条，移动鼠标至这组线条的任意边角时，出现 ↻ 形状光标，此时按住键盘 Shift 键对该组线条进行 -45°旋转，把形状生成器处理的线框放置在线条上边（线框务必排列在顶层），框选两个图形，鼠标右键"建立剪切蒙版"，如图 2-4-125 所示。

（7）把施加肌理的图形放置在蓝色款式图上边，在属性面板中调节肌理透明度。框选两个图形并编组，如图 2-4-126 所示，领子部分采用前面讲过的同样处理方法。

（8）把编组的图形放置在牛仔衣款式图里，牛仔衣款式图务必排列在顶层。全选所有图形并锁定，在款式图上绘制细节，主要为扣眼和辑明线，如图 2-4-127 所示，用钢笔工具或者画笔工具绘制阴影，如图 2-4-128 所示。

图 2-4-125　建立剪切蒙版　　　　　　　　　图 2-4-126　调节面料肌理

图 2-4-127　绘制细节　　　　　　　　　　图 2-4-128　绘制阴影

3. 绘制牛仔衣破洞

（1）用钢笔或铅笔工具绘制一个形状不规则的闭合路径，描边为白色，再复制两个闭合路径备用。

（2）选择其中一个闭合路径，在上方菜单栏中执行"效果""扭曲和变幻""粗造化"；再执行"效果""扭曲和变幻""收缩和膨胀"；再执行"效果""风格化""投影"，做出破洞毛边的肌理效果，数值的设置可根据实际情况自行调整，如图 2-4-129 所示。

图 2-4-129　绘制破洞①

（3）绘制一组线条，执行"效果""扭曲和变幻""粗糙化"，把备用的闭合路径放在线条图层上，执行剪切蒙版命令，得到破洞上的抽丝效果，如图 2-4-130 所示。

（4）填充最后一个备用的闭合路径为灰色，执行"效果""纹理""纹理化"，做出牛仔反面面料的效果，如图 2-4-131 所示。

（5）复制破洞①图形，描边色改为深色，使其作为阴影，四个图形重叠摆放，得到牛仔破洞的最终效果，重叠排放时，注意调节透明度，如图 2-4-132 所示。

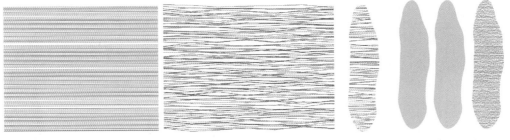

图 2-4-130　绘制破洞②

图 2-4-131　绘制破洞③

图 2-4-132　绘制破洞④

4. 绘制猫爪抓痕效果

使用菜单栏矩形工具 ▣ 绘制一个浅灰色闭合路径，依次执行"效果""扭曲和变换""粗糙化"；执行"效果""扭曲和变换""波纹效果"；执行"效果""模糊""高斯模糊"；执行"效果""纹理""纹理化"，做出牛仔猫爪抓痕效果，如图 2-4-133 所示。

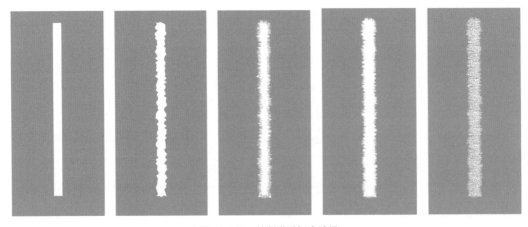

图 2-4-133　绘制猫爪抓痕效果

5. 绘制磨白效果

使用"椭圆工具" 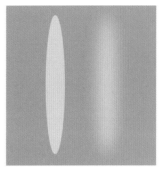 绘制一个白色闭合的椭圆形路径，不透明度设置为50%，执行菜单栏"效果""模糊""高斯模糊"，完成磨白效果绘制。模糊数值以看不到椭圆图形边缘为标准，自行调整，如图2-4-134所示。各效果如图2-4-135所示。

图 2-4-134 绘制磨白效果

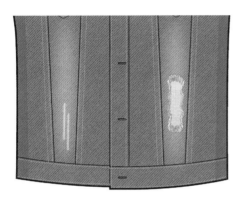

图 2-4-135 牛仔衣面料效果

6. 绘制金属扣

（1）使用"椭圆工具" 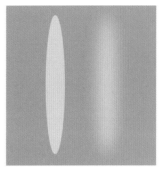，按住"Shift"键并拖动鼠标左键绘制一个圆形，同时也可以按住"Alt"键。

（2）鼠标左键点击菜单栏文字工具 T 不松开，选择隐藏菜单中的"路径文字工具"，点击图形轮廓边缘，进入文本编辑，输入字母"JEANS"，用"选择工具"选择字母，在属性面板中调节文字大小，填充为黑色，不描边，如图2-4-136所示。

（3）绘制三层圆形，顶层为金属色，中层为金属边缘色，底层为阴影色，重叠摆

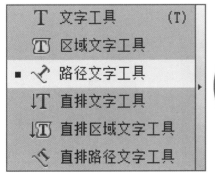
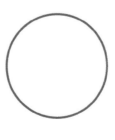

图 2-4-136 绘制金属扣①

放出立体效果，如图 2-4-137 所示。

（4）按照此方法，完成金属扣及其他部件绘制，部分扣子部件使用渐变工具绘制圆环，绘制一大一小两个圆，重叠放置，运用"路径查找器""减去顶层"即可得到圆环，如图 2-4-138 所示。

7. 完成

顶层　　　　　中层　　　　　底层　　　　　重叠效果

图 2-4-137　绘制金属扣②

图 2-4-138　绘制金属扣③

将绘制好的破洞效果、猫爪抓痕效果、磨白以及金属扣放在牛仔衣上，完成最终效果，如图 2-4-139 所示。

图 2-4-139　牛仔衣（完成图）

四、针织面料肌理的绘制技法

【**案 例 一**】针织毛衣

【**使用工具**】定义图案画笔、封套扭曲、形状生成器、实时上色、效果命令

1. 打开文件

从随书网络教学资源中打开第二章第四节"针织毛衣（线稿图）"文件，如图 2-4-140 所示。在前面章节中已经讲过款式图绘制的方法，此部分就不再讲解款式图的线稿绘制，选择款式图，在属性面板设置描边值。

2. 封闭图形

全选款式图，复制一份，选择工具栏"形状生成器工具"，在款式图里拖动鼠标，凡是鼠标经过的区域合并成一个封闭图形，如图 2-4-141 所示。

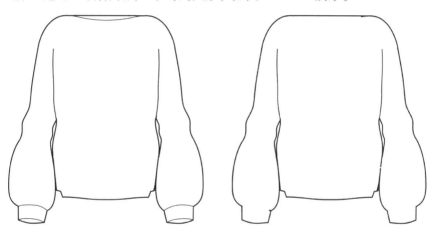

图 2-4-140　针织毛衣（线稿图）　　　　图 2-4-141　封闭图形

3. 针织面料细节绘制

（1）用"钢笔工具"绘制垂直线段，复制一份。再用"钢笔工具"绘制一条水平线段，选择水平线段，不填色不描边，如图 2-4-142 所示，此时在垂直线段右边有一条路径，只是没有显示出来。这样做的原因是我门接下来要自制"图案画笔"，由于图案画笔是由单元连续重复排列而成，为保证单元与单元之间有间隔，所以绘制一条不显示的路径。

（2）给刚刚绘制的图形编组，打开菜单栏"窗口"命令，从下拉菜单中选择"画笔"，弹出画笔对话框，把编组图形拖动到画笔对话框里，如图 2-4-143 所示，再次弹出对话框，选择"图案画笔"单击"确定"，弹出"图案画笔选项"对话框，再次单击"确定"。此时定义的画笔已经在画笔对话框里，可以作为一种画笔类型来使用。

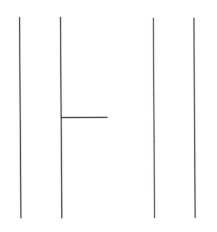

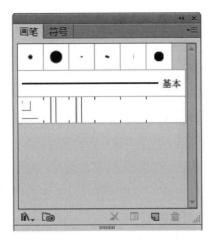

图 2-4-142 绘制面料细节① 图 2-4-143 画笔对话框

（3）用"钢笔工具"在肩部绘制一条曲线，用"选择工具"选择这条曲线，单击
"画笔对话框"里刚刚定义的画笔，在属性面板中调节粗细，如图 2-4-144 所示。

（4）用同样的方法绘制其他图案，并定义为图案画笔；也可以画出单元图案，一
个一个复制放到相应位置，如图 2-4-145 所示。

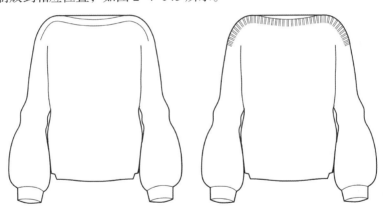

图 2-4-144 绘制面料细节②

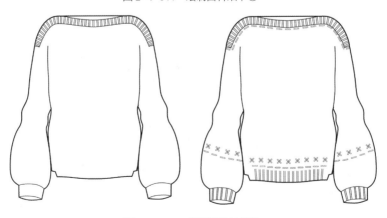

图 2-4-145 绘制面料细节③

（5）用"钢笔工具"绘制两个不规则图形，一个施加基本填色，一个施加渐变填色（径向），再用钢笔工具绘制其他细节，如图2-4-146所示。

（6）给绘制的图形编组，复制图形放到相应的位置，如图2-4-147所示。

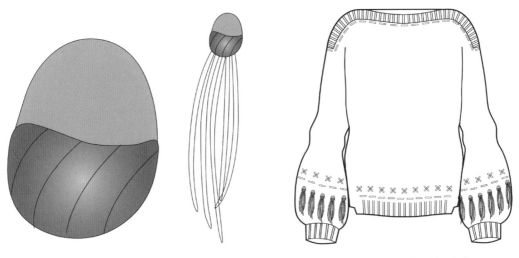

图2-4-146　绘制面料细节④　　　　　　　　　图2-4-147　绘制面料细节⑤

4. 绘制针织图形

（1）使用"椭圆工具"绘制一个闭合的椭圆形路径，在菜单栏选择渐变工具，填充渐变色，渐变类型选择径向，角度为15.2°，长宽比为340.1%；将该椭圆形旋转约20°，如图2-4-148所示。

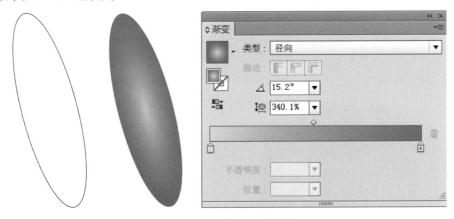

图2-4-148　绘制针织图形①

（2）选择渐变的椭圆形，再双击工具栏"旋转工具"下隐藏的"镜像工具"，对图形进行镜像复制，左右对称的两个椭圆形并进行编组，如图2-4-149所示。

（3）选中该编组图形，点击鼠标左键，同时按下"Alt"键拖动图形，得到一个新复制的图形，选择复制图形按住"Shift"键，可以水平移动；按"Ctrl+D"键重复上一动

作，按照此方法，绘
制出整个衣身的肌理，
如图 2-4-149 所示。

（4）选择整排的
图形，垂直复制，把
所有图形编组，如图
2-4-150 所示。将这

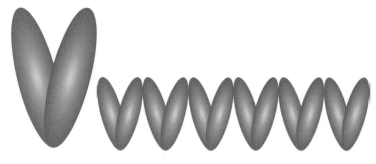

图 2-4-149 绘制针织图形②

组针织图形放置于衣身轮廓下方（形状生成工具处理过的图形），同时选中衣身和针织
图形，单击鼠标右键"建立剪切蒙版"，为衣身填充针织面料肌理。

（5）把经过剪切的图形放置在款式图里，在放置之前，把毛衣款式图连同绘制的
细节统一编组，如图 2-4-151 所示，肌理放置到款式图以后，用"钢笔工具"根据效
果在款式图里绘制阴影图形，阴影需要在属性面板中调节透明度。

（6）使用"椭圆工具"绘制一个闭合的椭圆形路径，按照以上"Ctrl+D"键复制

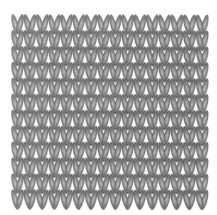
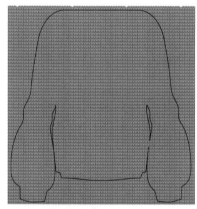

图 2-4-150 建立剪切蒙版

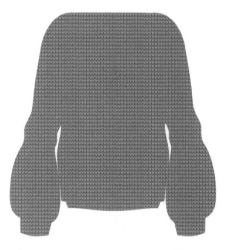

图 2-4-151 绘制阴影

方法，绘制出一组椭圆形组成的图形。

（7）选中该组图形，在菜单栏"窗口"命令下拉框中选择"路径查找器"，在弹出的对话框中选择"联集"命令，得到一组新的椭圆图形，如图2-4-152所示。

（8）复制一份刚刚放置到款式图里的肌理（即经过剪切蒙版处理的图形），把图形拉到空白处，右键"释放剪切蒙版"，恢复到最开始的状态，右键取消编组，删除大部分肌理，保留三四列即可。

（9）复制一份经过"联集"处理的椭圆图形，另一组备用。选择其中一份，放置在肌理上，鼠标右键"建立剪切蒙版"，选中该图形，执行菜单栏"效果""风格化""投影"，增加投影效果，如图2-4-153所示。

（10）将刚才备用的一组椭圆图形设置渐变填色，描边无。

（11）在渐变对话框中选择线性渐变，两个滑块都是设置纯白色，设置渐变颜色为白色（不透明度100%）到白色（不透明度0）渐变，不透明度设置为30%左右，重叠放置于顶层，如图2-4-154所示。

（12）将刚刚编辑的图形编组，并复制一份。

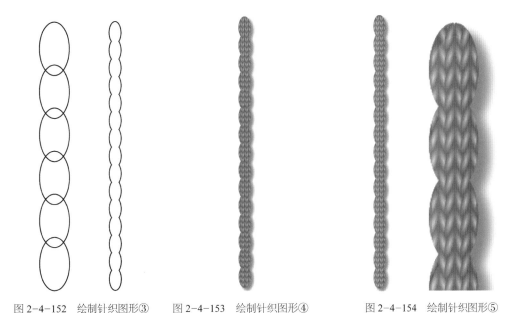

图2-4-152　绘制针织图形③　　　图2-4-153　绘制针织图形④　　　图2-4-154　绘制针织图形⑤

（13）选择其中一份图形，菜单栏"对象"命令下拉框中选择"封套扭曲""用网格建立"，弹出"封套网格"对话框，设置如图2-4-155所示。

（14）编辑的图形中间部位出现锚点，用"直接选择工具"选择锚点，并给锚点添加手柄，把锚点往左移动后效果如图2-4-156所示。

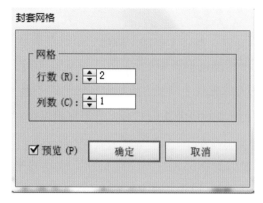

图 2-4-155　网格对话框　　　　图 2-4-156　绘制针织图形⑥

5. 完成绘制

调整针织面料细节位置，注意调整层次关系，完成针织面料绘制的绘制，如图 2-4-157 所示。

图 2-4-157　针织毛衣（完成图）

小贴士

形状生成器：

①当一个图形是由多个线段或图形部分重叠、相交排列而成时，用形状生成器在

图形里边拖动（务必用选择工具先选择这些图形），可以把图形合并成一个只有轮廓的新图形。对于像款式图这种复杂的不规则图形，最好先实时上色，把需要的区域复制出来，在复制的图形里拖动形状生成器，可以合并为一个只有轮廓的图形。

②用形状生成器在重叠的图形里一个区域一个区域的单击，可以把重叠部分图形分离出来。

【案　例　二】花纹毛衣

【使用工具】效果命令、实时上色、图层重叠排列

1. 打开文件

从随书网络教学资源中打开第二章第四节"花纹毛衣（线稿图）"文件，如图2-4-158 所示。由于我们在前面章节中已经讲过款式图绘制的方法，此部分就不再讲解款式图的线稿绘制，选择款式图，在属性面板设置描边值。

图 2-4-158　花纹毛衣（线稿图）

2. 绘制花纹面料肌理

（1）选择绘制完成的线稿图，单击"对象""实时上色""建立"。运用"实时上色选择工具"，按住键盘"Shift"键不松，依次选择款式图中所有图形，不需要选择线段，如图 2-4-159 所示。依次按下"Ctrl+C"和" Ctrl+V"键，把选择的图形复制出一份。对于复制的图形，施加描边，如图 2-4-160 所示。

（2）选择线框图，运用基本填色法，对于刚刚复制出图形各个部分施加颜色，如果部分图形不容易选择，可以先把旁边图形锁定（快捷键"Ctrl+2"），颜色值可自行设置，最后选择所有图形，取消描边，如图 2-4-161 所示。

（3）全部解锁，选择全部底色图形编组并复制出一份，点击菜单栏中的"效果"

命令，从下拉菜单中选择"像素化""点状化"，值设置为 10，如图 2-4-162 所示。

（4）选择点状化的图形，施加高斯模糊，模糊值设置 5，透明度调整为 40%，如图 2-4-163 所示。

（5）调出上节课画的花纹基本图形，方法：选择上节课带花纹的剪切蒙版图形，鼠标右键"释放剪切蒙版"，

图 2-4-159　建立实时上色区域

图 2-4-160　复制图形

图 2-4-161　填充颜色

图 2-4-162　点状化颜色

图 2-4-163　模糊颜色

取消编组，选择最小的单元，"Ctrl+C"键复制。回到刚刚正在编辑的文件画面，"Ctrl+V"键粘贴，如图 2-4-164 所示。

3. 绘制针织面料

（1）复制上一案例中针织图形单元，在工具栏"填色"处，填充基本填色，施加黑色，如图 2-4-165 所示。

图 2-4-164　针织图形单元　　图 2-4-165　填充颜色

（2）选定针织单元花纹，调整合适大小。菜单栏"对象"下拉框选择"图案""建立"，弹出"图案选项对话框"，如图 2-4-166 所示。

图 2-4-166　建立针织单元图案

（3）单击对话框"图案选项"下边的图标![icon]，在图案上边调节花纹单元之间的间距，单击面板上方的"完成"

（4）单击选择之前的底色图形，复制一份。保证复制的图形处于选择状态，点击属性面板中的 ![未选择对象] 右侧的下拉箭头，点击刚刚定义的图案。定义的图案会填充到图形中。调整透明度，如图 2-4-167 所示。

图 2-4-167　填充针织单元图案

4. 完成花纹毛衣款式图

（1）把底色图形放置在最下面，点状化模糊图形放置在第二层，把针织花纹图形放置在最上层，注意调整第二、三层的透明度，通常情况下面料肌理表现都可以采用多个图层叠加，调整每层透明度，图 2-4-168 所示。

图 2-4-168　图形叠加效果

（2）图 2-4-168 中三图分别为底色图形效果、底色图形和点状化模糊图形合并效果，底色图形、点状化模糊图形、针织花纹图形合并效果。选择最开始的实时上色的线框图，鼠标右键排列放置在最上层，放在三个叠加图形的最上面，绘制完成，如图 2-4-169 所示。

图 2-4-169　花纹毛衣（完成图）

五、粗花呢面料肌理的绘制技法

【案　　例】粗花呢上衣
【使用工具】定义图案画笔、封套扭曲、形状生成器、实时上色、效果命令

1. 打开文件

从随书网络教学资源中打开第二章第四节"粗花呢上衣（线稿图）"文件，如图 2-4-170所示。由于我们在前面章节中已经讲过款式图绘制的方法，此部分就不再讲解款式图的线稿绘制方法，选择款式图，在属性面板设置描边值。

2. 绘制粗花呢面料

图 2-4-170　粗花呢上衣（线稿图）

（1）绘制折纹。使用直线段工具画出一条短斜线，选中该斜线，垂直镜像复制。选中两条斜线，按住"Alt"键不放，点击鼠标左键向下平移复制，再得到一组相交的斜线，并适当缩小，使用"直接选择工具"选中每两条斜线的端点锚点，单击鼠标右键，选择"连接"（等同于属性面板 ⌐ "连接所选终点"）。选中连接好的折线，按住"Alt"键不放，点击鼠标左键向下平移复制，再得到一组折线，重复执行该动作，或使用快捷键"Ctrl+D"。将新得到的折线都执行"连接"命令，依次连接得到一条完整的折线。多次向右平移复制该折线得到粗花呢面料的纹理，全部选中编组，如图 2-4-171 所示。

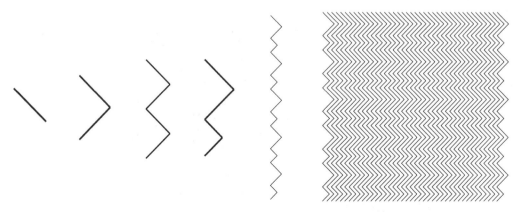

图 2-4-171　绘制折纹①

（2）添加肌理效果。选中该折线，在菜单栏中执行"对象""扩展"，将线条转换为图案（即把线段性质变成了图案性质），在工具栏下方给"线段"填充颜色（不是描边色），颜色填充为除黑白色以外的其他颜色（灰白色），如图 2-4-172 所示。

（3）执行菜单栏"效果""艺术效果""粗糙蜡笔"作为第一层粗花呢面料的折纹纹理，如图2-4-173所示。

（4）按住"Shift"使用矩形工具画两个一样大小的正方形，一个填色为粗花呢面料的颜色，置于下层，另一个填色为黑色，置于上层，均无描边。

（5）对黑色正方形执行菜单栏"效果""像素化""点状化"命令，如图2-4-174所示。

图2-4-172　绘制折纹②　　　　　　　　　　　图2-4-173　添加肌理效果①

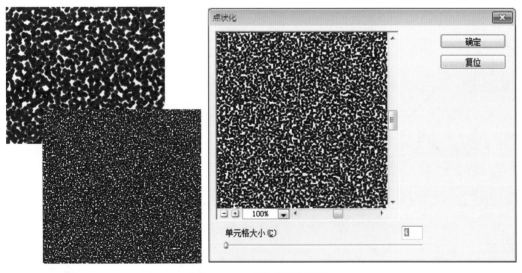

图2-4-174　添加肌理效果②

（6）再次执行"效果""素描""粉笔和炭笔"，不透明度调至20%，将两个正方

形（底色正方形和经过两次处理的正方形）重合成为粗花呢面料的底纹，如图
2-4-175 所示。

（7）把之前做好的折纹纹理置于最上层，与两个正方形重合并编组，如图 2-4-176 所示。

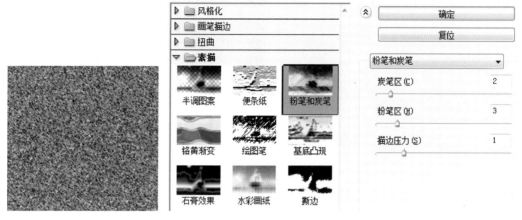

图 2-4-175　添加肌理效果③

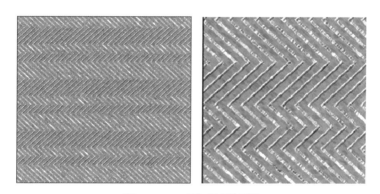

图 2-4-176　添加肌理效果④

3. 创建图案

使用矩形工具绘制一个矩形放置在制作好的面料肌理上，框选所有对象，单击鼠标右键执行"建立剪切蒙版"；在上方菜单栏中执行"对象""图案""建立"，在弹出的"图案选项"对话框中设置面料名称，勾选"将拼贴调整为图稿大小"（勾选后，不会随款式图的大小变化而发生变化），单击"完成"，如图 2-4-177 所示。

4. 填充粗花呢面料

（1）选中最开始的粗花呢线框图形，菜单栏"对象""实时上色""建立"。工具栏中选择"实时上色选择工具"，按住"Shift"键（对已经选择的图形，"Shift"键可以减选）依次选择所有区域。按下"Ctrl+C"和"Ctrl+V"键把图形复制。选择复制的所有图形，在属性面板 未选择对象 的下拉框中选择刚刚新建的"粗花呢面料"图案进行填充。

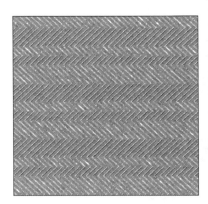

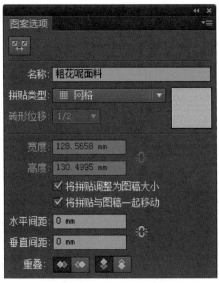

图 2-4-177 创建图案

（2）若对面料填充大小不满意，可双击"工具箱"中的"比例缩放工具" 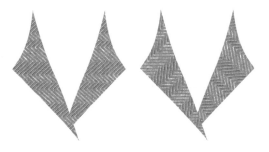，在弹出的"比例缩放"对话框中，对"等比"比例缩放的参数进行调整，去掉"变换对象"的勾选，只勾选"变化图案"，完成对面料比例的缩放；里料填充浅灰色，如图 2-4-178 所示。

（3）由于翻折领的造型使领口倾斜，粗花呢面料也应该是倾斜的。选择其中一个翻领，双击"工具箱"中的"旋转工具"，在弹出的"旋转"对话框中勾选预览，设置旋转角度，只勾选"变换图案"选框，观察翻领图案变化；另一翻领采用同样方法设置。如图 2-4-179 所示。

（4）同理将袖子和口袋使用"旋转工具"进行调整，袖子旋转角度使面料纹理与袖口保持平行，口袋旋转角度可使面料纹理与衣身垂直，如图 2-4-180 所示。

（5）把填充图案编组并把图形全部放

图 2-4-178 填充衣身面料

图 2-4-179 填充领子面料

置在粗花呢线稿图里，线稿图放置在最上边。如果肌理大小不合适可以继续在工具栏"比例缩放工具"  中进行调节，如图 2-4-181 所示。

图 2-4-180　叠放衣片面料

图 2-4-181　放置线稿图

5. 绘制粗花呢毛边

（1）使用钢笔工具绘制翻领外轮廓线，填充色为无，描边为 0.5pt 的黑色（或者更细），执行菜单栏"效果""扭曲和变形""粗糙化"，在弹出的对话框中勾选"相对"，大小为"3%"，细节为"100/ 英寸"，点击勾选"尖锐"。

（2）执行菜单栏"效果""扭曲和变形""收缩和膨胀"，膨胀设置为"12%"。

（3）执行菜单栏"效果""纹理""纹理化"，设置纹理为"画布"，缩放为"85%"，凸现值为"2"，光照为"上"，如图 2-4-182 所示。

图 2-4-182　绘制粗花呢毛边

（4）通过以上操作完成对毛边的绘制，所有数据设置供参考，可根据实际情况自行调整。利用同样的方法将粗花呢大衣的所有毛边绘制完成，如图 2-4-183 所示。

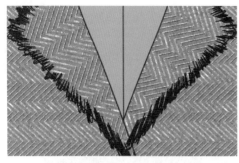

6. 绘制纽扣

（1）用椭圆形工具绘制一个正圆，选择正圆，在上方菜单栏"窗口"中找到"渐变"控制面板，设置渐变类型为"线性"，纽扣填充成黑白渐变图案。

（2）再点击左侧工具栏中的"渐变工

图 2-4-183　粗花呢毛边效果

具"，则在圆形中出现渐变的调节杆，拖动或旋转调节杆对渐变的程度与方向进行调整，图 2-4-184 所示。

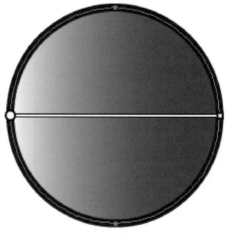

图 2-4-184　绘制纽扣①

（3）选择纽扣，按下"Ctrl+C"和"Ctrl+F"键进行原位复制粘贴，按住键盘上的"Alt"和"Shift"键等比例缩小刚才复制的纽扣，得到一个较小的渐变圆形，拖动渐变滑块，设置渐变颜色与大圆相反，调整渐变程度后完成纽扣的绘制，如图2-4-185所示。

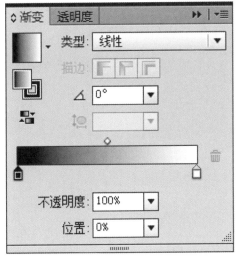

图2-4-185　绘制纽扣②

7. 完成

将纽扣放置在合适的位置，用画笔工具或者钢笔工具画出阴影，阴影分别在领口内、翻领外、门襟处、口袋下方、衣身两侧、袖子内侧，在属性面板中对不同部位的阴影调整透明度，完成粗花呢女士外套款式图的绘制，如图2-4-186所示。

图2-4-186　粗花呢上衣（完成图）

六、纱质面料的绘制技法

【案　　例】纱裙

【使用工具】渐变工具、模糊工具、基本填色

1. 打开文件

从随书网络教学资源中打开第二章第四节"纱裙（线稿图）"文件，如图 2-4-187 所示。由于我们在前面章节中已经讲过款式图绘制的方法，此部分就不再讲解款式图的线稿绘制，选择款式图，在属性面板设置描边值为 0.5pt。

图 2-4-187　纱裙（线稿图）

2. 裙子质感表现

（1）给裙子施加渐变色。选择裙子，双击工具栏中的"渐变"工具，弹出渐变工具对话框。

（2）鼠标放置在对话框中长条的下边，点击鼠标，添加四个滑块。

（3）滑块颜色从左到右分别设置为：滑块 1　H-185，S-16，B-69，透明度 100%；滑块 2　H-183，S-16，B-79，透明度 100%；滑块 3　H-185，S-29，B-61，透明度 100%；滑块 4　H-182，S-43，B-41，透明度 0，如图 2-4-188 所示。

图 2-4-188　渐变对话框

（4）把调好的渐变色施加到裙子上。单击工具栏"渐变工具"，把鼠标放置在裙子右侧，点击鼠标左键不松，拖动鼠标至裙子左侧，松开鼠标左键。

（5）菜单栏"效果"下拉框选择"模糊"，再施加高斯模糊，数值不要太大，如图 2-4-189 所示。

（6）在裙子的受光面，画出五个长条形状，颜色设置为渐变色，两个滑块先全部设置为纯白色，如图 2-4-190 所示。

（7）每一个长方形渐变方向和图形方向一致，根据效果调整每一个滑块的透明度，运用同样方法，调整每一个长方形渐变色透明度，如图 2-4-191 所示。

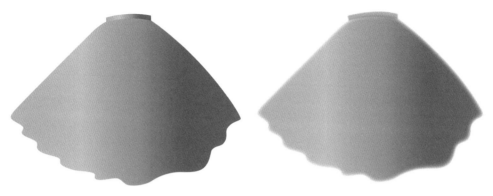

图 2-4-189　填充渐变色①

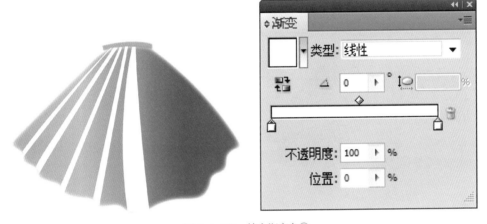

图 2-4-190　填充渐变色②

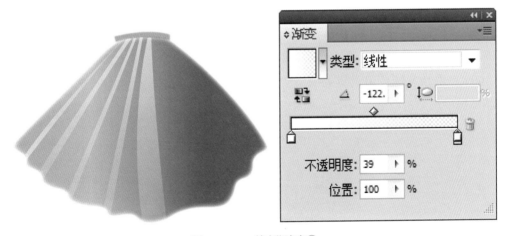

图 2-4-191　填充渐变色③

（8）根据整体效果，给每一长方形施加高斯模糊，如图 2-4-192 所示。

（9）运用同样方法，画出裙子的背光面，施加渐变色，渐变色滑块同样设置为两个，颜色值一样。通过调整透明度，渐变方向，模糊值，如图 2-4-193 所示。

图 2-4-192　调整效果

图 2-4-193　绘制背光面

（10）选择底色图形，复制一份，放置在最下层，略微放大一些。调整设置渐变值，滑块 1 颜色值设置为 H-185，S-29，B-61，透明度 100%；滑块 2 颜色值设置为 H-185，S-23，B-72，透明度 100%；滑块 3 颜色值设置为 H-185，S-29，B-61，透明度 100%；滑块 4 颜色值设置为 H-182，S-43，B-41，透明度 100%；选择该图形，在控制面板中调节透明度为 40%，如图 2-4-194 所示。

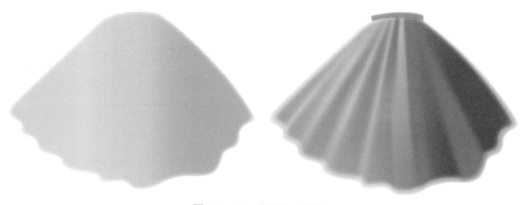

图 2-4-194　绘制第二层面料

（11）运用同样方法，再把最下面的图形再复制一份，同时放大，放置在最底层，如图 2-4-195 所示。

图 2-4-195 绘制底层面料

（12）运用长方形工具绘制一个长方形，颜色设置为黑色，放置最下面。选择工具栏中"画笔"工具，填充色设置为白色（或者蓝灰色），无描边色。在控制面板中设置画笔大小。设置完毕后，用画笔工具在裙子上点出一个白点，选择此白点，施加"高斯模糊"，再次选择此白点，运用画笔工具依次点出更多的白点和黑点，此时绘制的点会自行施加高斯模糊，如图 2-4-196 所示。

图 2-4-196 纱裙（完成图）

七、毛皮质感的绘制技法

【案　　例】毛皮羽绒服

【使用工具】实时上色工具、画笔工具、画笔库、高斯模糊

1. 打开文件

从随书网络教学资源中打开第二章第四节"毛皮羽绒服（线稿图）"文件，如图 2-4-197 所示。由于我们在前面章节中已经讲过款式图绘制的方法，此部分就不再讲解款式图的线稿绘制，选择款式图，在属性面板设置描边值为 0.5pt。

2. 填充颜色

框选除袖子以外的所有图形（框选所有图形，按住"Shift"键单击两个袖子，"Shift"键除了加选还可以减选）。菜单栏"对象"命令下拉框选择"实时上色""建立"，用工具栏"实时上色选择工具"选择要上色的区域，填充基本色 H-76，S-27，B-62，门襟处颜色稍重一些，如图 2-4-198 所示。

3. 绘制袖子毛皮

（1）选择袖子图形，双击工具栏"渐变工具"，施加渐变色，滑块 1 设置为 H-67，S-18，B-85，滑块 2 设置为 H-67，S-41，B-71，再施加高斯模糊，如图 2-4-199 所示。

（2）菜单栏"窗口"命令下拉框选择"画笔"，弹出"画笔对话框"，单击对话框右上角，选择"打开画笔库""艺术效果""油墨"，在"艺术效果油墨"对话框中选择"书法 2"。单击后"画笔 2"会在"画笔定义"属性面板中显示，如图 2-4-200 所示。

（3）工具栏中选择"画笔"工具，双击属性面板"画笔定义"中的"书法 2"，弹出

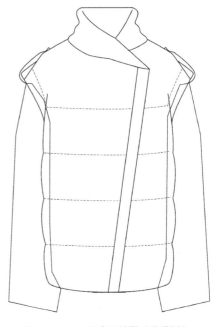

图 2-4-197　毛皮羽绒服（线稿图）

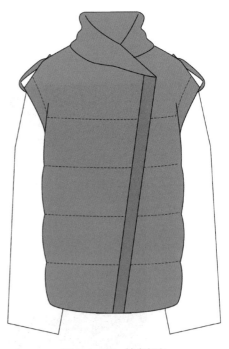

图 2-4-198　填充颜色

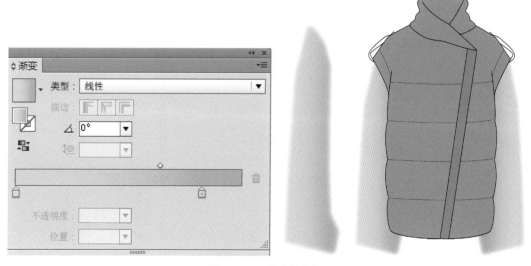

图 2-4-199　填充渐变色

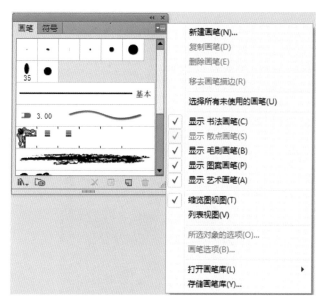
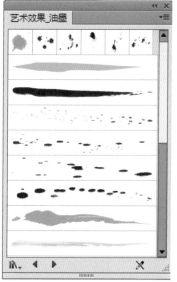

图 2-4-200　画笔定义面板

"艺术画笔选项"对话框，在"方法"处选择"淡色和暗色"。默认情况下画笔颜色不能改变，在此处调整"淡色和暗色"后，可以在工具栏下方描边或填色处设置颜色，如图 2-4-201 所示。

（4）在工具栏下描边设置画笔为深绿色。在袖子处画线段，并调整粗细，如图 2-4-202 所示。

（5）继续用画笔工具画出线段，如图 2-4-203 所示。当绘制一部分后也可以把绘制的线段编组，复制多份排列。

（6）当一个袖子毛的线段绘制完毕后，全选这些线段（全选时可以先把其他图形

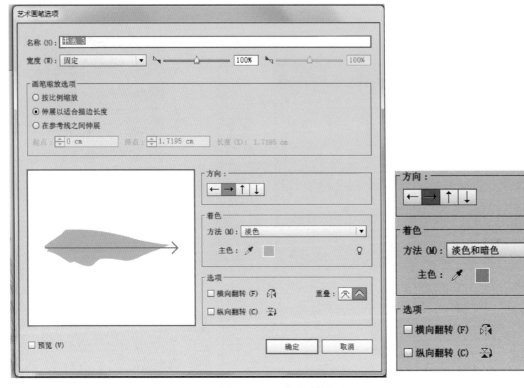

图 2-4-201　艺术画笔选项

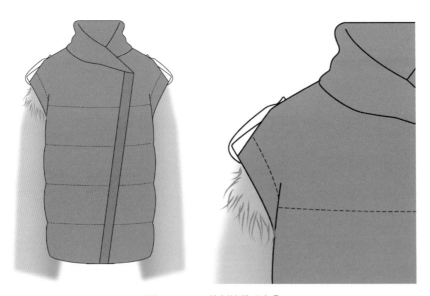

图 2-4-202　绘制袖子毛皮①

锁定，以免影响），镜像复制。选择全部线段，在属性面板中调节透明度调整为 50%，如图 2-4-204 所示。

（7）把刚才绘制的两条袖子的线段复制一份，由于目前图形处于编组状态，可

图 2-4-203　绘制袖子毛皮②

以用"直接选择工具"删除部分线段，如图 2-4-205 所示，调整透明度为 38%，放置在袖子上，排列在最上层，丰富层次效果，如图 2-4-206 所示。

4. 绘制毛皮阴影

（1）用工具栏"画笔"选择一种画笔类型，继续在袖子上画出线段，调节粗细，选择刚刚绘制的所有线段，施加高斯模糊。也可以先画出一条线段，直接施加高斯模糊，继续画线时，后续线段会自动施加高斯模糊效果，当要结束高斯模糊时，用直线段工具在画面中画出一条直线即可，如图 2-4-207 所示。

（2）把新画的这些线段编组，菜单栏"效果"命令下拉框选择"模糊""高斯模糊"，在属性面板中调节透明度，在衣身和袖子相接处同样

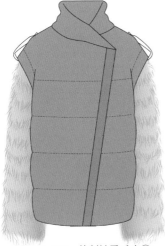

图 2-4-204　绘制袖子毛皮③

图 2-4-205　毛皮

图 2-4-206　绘制袖子毛皮④

图 2-4-207　绘制毛皮阴影

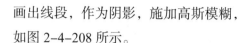

画出线段，作为阴影，施加高斯模糊，如图 2-4-208 所示。

5. 绘制衣身阴影

（1）继续使用"画笔"工具画出衣服上的阴影，主要在衣身两侧和门襟处，如图 2-4-209 所示。

（2）选择刚刚绘制的阴影，在属性面板中调节透明度，每处的阴影的透明度值可以是不一样的，如图 2-4-210 所示。

6. 绘制衣身高光

（1）按照之前学过的方法，打开"画笔库"，选择"艺术效果_水彩"，在弹出的对话框中选择"淡墨染厚重"，如图 2-4-211 所示。

（2）用工具栏中"画笔工具"，

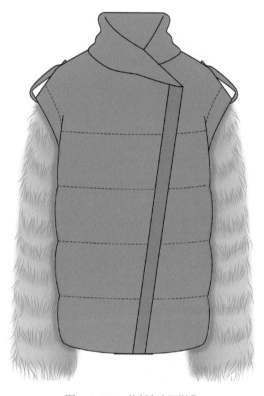

图 2-4-208 绘制衣身阴影①

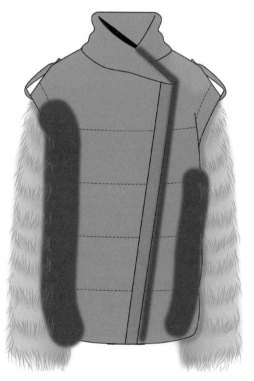

图 2-4-209 绘制衣身阴影②

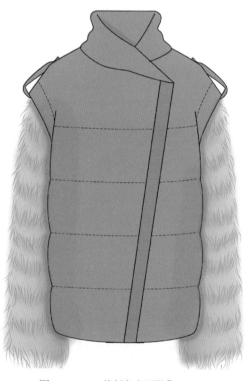

图 2-4-210 绘制衣身阴影③

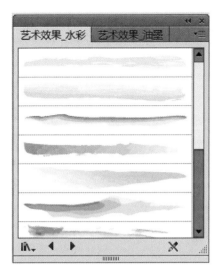

图 2-4-211　艺术效果 _ 水彩对话框

在属性面板中单击"淡墨染厚重"画笔类型，画出高光，如图 2-4-212 所示。

（3）选择这些高光，在属性面板调节透明度，如图 2-4-213 所示。

图 2-4-212　绘制衣身高光①

7. 绘制衣身明线暗部

（1）按照之前学过的方法，打开"画笔库"，选择"艺术效果 _ 粉笔炭笔铅笔"，选择 Charcoal-Varied 画笔类型，如图 2-4-214 所示。

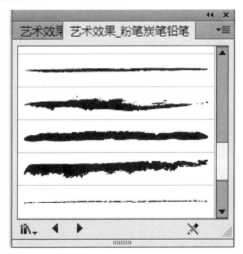

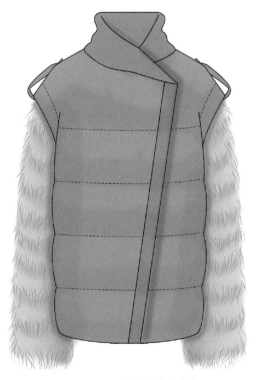

图 2-4-213　绘制衣身高光②

图 2-4-214　艺术效果 _ 粉笔炭笔铅笔对话框

（2）用此画笔在辑明线处画出暗部，可以在属性面板中双击画笔类型，在弹出的对话框中调整画笔方向，如图 2-4-215 所示。

8. 绘制扣子

绘制扣子，最终效果如图 2-4-216 所示。

图 2-4-215　绘制辑明线暗部　　　　　　　　　图 2-4-216　毛皮羽绒服（完成图）

第三章

Adobe Illustrator
服装款式图绘制技法案例分析

本章内容：1. 时尚女装款式图绘制技法。

2. 休闲装款式图绘制技法。

3. 职业装款式图绘制技法。

4. 内衣款式图绘制技法。

5. 特殊用途服装款式图绘制技法。

教学课时：10 ~ 15 课时

教学方式：理论教学、实践教学

教学目的：使学生运用 Adobe Illustrator 软件结合实际案例，掌握常见
服装类型的表现技法，从而达到熟练使用 Adobe Illustrator
软件绘制各种服装款式图的能力。

第一节　时尚女装款式图绘制技法

一、时尚女装特点

时尚女装是一个宽泛的概念，因为样式风格多样，所以时尚女装的绘制要根据具体服装风格和面料肌理特点来表现。

二、案例分析和绘制

绘制款式图有多种方法，前边章节我们主要运用实时上色法给图形上色，本节我们采用基本上色法，选择一款连衣裙讲解。

1. 绘制连衣裙上半身

（1）使用"钢笔工具"绘制连衣裙上半身前片，如图 3-1-1 所示，选择该图形填充淡蓝色（H-192，S-84，B-81）。

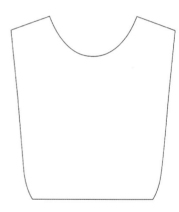

图 3-1-1　绘制连衣裙上半身

（2）选择该图形，在菜单栏"窗口"命令下拉框选择"透明度"，弹出透明度对话框，在对话框中选择"正片叠底"混合模式，设置不透明度为 40%，如图 3-1-2 所示。

（3）继续选择该图形，复制一份作为连衣裙上半身后片，选择"渐变工具"，在衣片内拖拉鼠标，填充由浅及深渐变的蓝灰色，在"渐变"对话框中，设置类型为线性，角度为 110.1°，双击滑块 1，设置滑块 1 为 H-211，S-10，B-97，滑块 2 为 H-202，S-31，B-84，属性面板中设置不透明度为 100%，如图 3-1-3 所示。

（4）前片和后片重合摆放，确保前后层次关系正

图 3-1-2　填充颜色

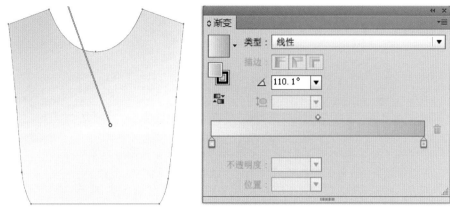

图 3-1-3　后片填充渐变色

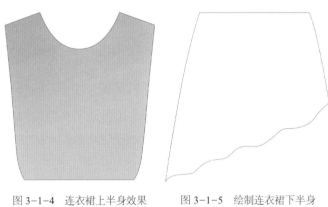

图 3-1-4　连衣裙上半身效果　　图 3-1-5　绘制连衣裙下半身

确，完成连衣裙上半身绘制，如图 3-1-4 所示。

2. 绘制连衣裙裙摆

（1）裙摆的绘制与上半身一样由两层组成。首先，使用钢笔工具绘制裙摆前片，如图 3-1-5 所示。

（2）裙摆前片填充为淡蓝色（H-192，S-84，B-81），混合模式设置为正片叠底、不透明度为 40%，如图 3-1-6 所示。

（3）继续选择该图形，复制一份作为裙摆后片，填充由浅及深渐变的蓝灰色，滑块 1 设置为 H-211，S-10，B-97，滑块 2 设置为 H-202，S-31，B-84，属性面板中设

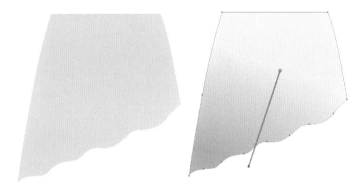

图 3-1-6　填充颜色　　　　图 3-1-7　后片填充渐变色

置不透明度为 100%，如图 3-1-7 所示。

（4）顶层与底层裙片重合摆放，完成连衣裙左侧裙摆的绘制。选中连衣裙左侧裙摆（实际是选择两层），单击鼠标右键，出现菜单栏选择"变换""对称"，在弹出的镜像对话框中勾选"垂直"，单击复制按钮，完成裙摆右半部分绘制。选择复制的两个图形，排列到最下层，再次单击右半部裙摆（即选择了右半部裙摆的前片），排列到最上

层，如图 3-1-8 所示。

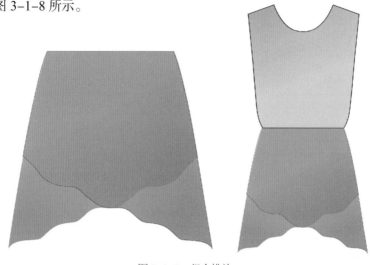

图 3-1-8　组合排放

3. 绘制胸前褶皱

（1）与连衣裙裙摆的制作方法相同，绘制出连衣裙胸前右片的褶皱，注意开始绘制的皱褶线稿图保留一份，中间图形透明度为 40%，最下边的渐变图形透明度调整为 70%，如图 3-1-9 所示。

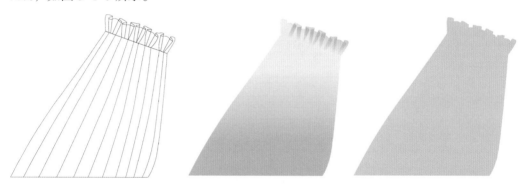

图 3-1-9　绘制胸前褶皱

（2）三个图形叠加在一起，最上边的皱褶可以增加一些渐变效果，如图 3-1-10 所示

（3）选择三个图并镜像复制，调整线框图、渐变图的长短大小，如图 3-1-11、图 3-1-12 为连衣裙三个图形叠加后的效果。

（4）左右皱褶叠交放置如图 3-1-13 所示，然后放置在连衣裙上，注意根据效果，调节层次关系，如图 3-1-14 所示。

图 3-1-10　叠加图形①

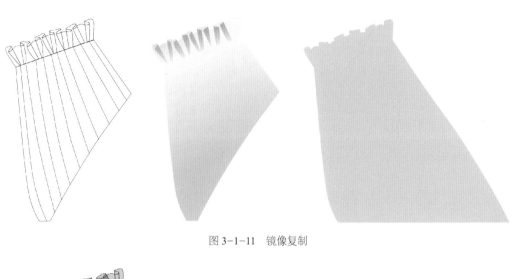

图 3-1-11 镜像复制

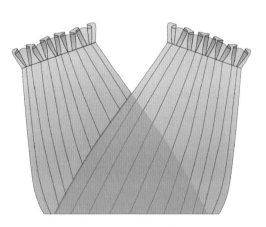

图 3-1-12 叠加图形②

图 3-1-13 皱褶叠交

图 3-1-14 组合排放

（5）使用钢笔工具绘制连衣裙外轮廓线，衣摆底线可以灵活处理，轮廓线放置在画好的款式上，排列在最上层，如图 3-1-15 所示。

图 3-1-15　轮廓线叠加

4. 完成连衣裙的绘制

添加细节，绘制明暗，调节透明度，完成连衣裙款式图的绘制，如图 3-1-16 所示。

图 3-1-16　连衣裙（完成图）

第二节 休闲装款式图绘制技法

一、休闲装特点

休闲服装的特点是面料必须能够承受得起长时间的日晒和汗水的侵蚀，吸汗通气，色泽持久耐磨，造型宽松舒适。随着休闲热潮在各国流行，休闲服装也随之兴起。

二、案例分析和绘制

本案例选择一款夹克讲解，此款夹克款式简单，主要特点是服装面料上有图案。面料图案可以先使用钢笔工具绘制图形，再给图形施加颜色。也可以直接选择现成的面料图案直接使用，本案例直接选择一款位图图形格式的面料图案，填充在服装上。

1. 填充基本色

（1）从随书网络教学资源中打开第三章"夹克（线稿图）"文件，如图3-2-1所示。由于我们在前面章节中已经讲过款式图绘制的方法，此部分就不再讲解款式图的线稿绘制，选择款式图，在属性面板设置描边值。

（2）框选所有图形，菜单栏"对象"下拉框选择"实时上色""建立"。在工具栏选择"实时上色选择工具"，选择袖子，领口，衣摆填充基本色，如图3-2-2所示。

2. 填充图案

（1）菜单栏"文件"下拉框选择"导入"，从随书网络教学资源中打开第三章"花纹图案"文件，如图3-2-3所示，单击属性面板中的"嵌入"。

（2）用"实时上色选择工具"选择左边衣片，衣片成灰色显示，如图3-2-4所示。

图3-2-1 夹克（线稿图）

图 3-2-2　填充颜色

图 3-2-3　花纹图案

（3）把选择的衣片复制一份，放置在图案上边，排列在最上层，框选两个图形，鼠标右键"建立剪切蒙版"，把建立剪切蒙版的图形放置在款式图上，右片采取同样的方法，如图 3-2-5 所示。

3. 绘制罗纹

（1）用工具栏"直线段工具"绘制一条直线段，按住"Alt"键复制一条，按下"Crtl +D"键重复上一步操作，如图 3-2-6 所示。

（2）用"实时上色选择工具"选择袖口，复制一份，把复制的袖口放置在罗纹上边，如图 3-2-7 所示。

（3）框选两个图形，鼠标右键"建立剪切蒙版"，把建立剪切蒙版的图形放置在款式图袖口位置，领口、衣摆处的罗纹采用同样的处理方法，如图 3-2-8 所示。

图 3-2-4　选择左衣片

图 3-2-5　衣片填充花纹

图 3-2-6　绘制袖口罗纹①

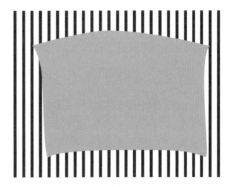

图 3-2-7　绘制袖口罗纹②

图 3-2-8　绘制袖口罗纹③

4. 绘制拉链

（1）选择"矩形工具"，在画面中绘制一个长方形作为拉链齿单元，给图形填充一个基本色。把长方形复制一条，错开排放，如图 3-2-9 所示。

（2）框选两个长方形，按住"Alt"键往下复制，为保证垂直往下复制，可以按住"Shift"键的同时，按下"Crtl+D"键重复上一步操作，如图 3-2-10 所示。

图 3-2-9　绘制拉链①

图 3-2-10　绘制拉链②

（3）把做好的拉链齿编组并放置在夹克款式图门襟处，运用前面章节学过的方法绘制拉链头，放置在领口处，如图 3-2-11 所示。

图 3-2-11　绘制拉链③

5. 完成夹克绘制

使用钢笔工具在袖子内侧、衣身两侧、领口内侧绘制阴影，并在属性面板中调节阴影的透明度，完成夹克的绘制，如图 3-2-12 所示。

图 3-2-12　夹克（完成图）

第三节　职业装款式图绘制技法

一、职业装特点

职业装又称工作服，是为工作需要而特制的服装。职业装设计时需根据行业的要求，结合职业特征、团队文化、年龄结构、体型特征、穿着习惯等，从服装的色彩、面料、款式、造型、搭配等多方面考虑，提供最佳设计方案。

二、案例分析和绘制

本案例我们选择一款交警职业装进行讲解，交警职业装面料较简单，使用实时上色法填充基本色即可。交警职业装的最大特点是服装上边有很多零部件，这些零部件一一绘制，会耗费大量时间，所以通常情况下我们可以从网络上下载一些现成的图形资料直接使用，比如肩章、肩襻。

1. 填充基本色

（1）从随书网络教学资源中打开第三章"职业装（线稿图）"文件。如图 3-3-1 所示。由于我们在前面章节中已经讲过款式图绘制的方法，此部分就不再讲解款式图的线稿绘制，选择款式图，在属性面板设置描边值。

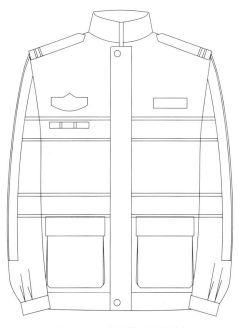

图 3-3-1　职业装（线稿图）

（2）菜单栏"对象"下拉框选择"实时上色""建立"，单击工具栏"实时上色选择工具"选择衣身和袖子，填充基本色，颜色值设置为：H-60，S-74，B-89，如图 3-3-2 所示。

（3）单击工具栏"实时上色选择工具"选择零部件，填充基本色，颜色设置为灰

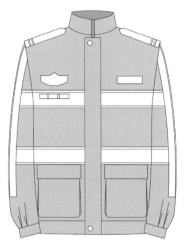
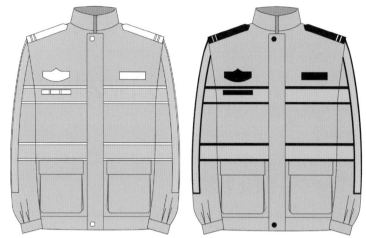

图 3-3-2　填充衣身颜色　　　　　　　　　　图 3-3-3　填充零部件颜色

色和纯黑色，如图 3-3-3 所示。

2. 绘制细节

（1）使用钢笔工具绘制辑明线效果，主要在领口、门襟、口袋、袖口、肩襻处，如图 3-3-4、图 3-3-5 所示。

（2）在网络上搜索警察肩章、肩襻等部件图形，

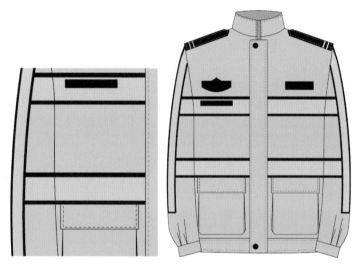

图 3-3-4　绘制细节①

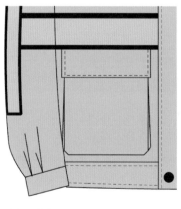

图 3-3-5　绘制细节②

下载到电脑里后，用鼠标单击图片图标，不要松开左键，拖动到 AI 画面里。也可以从菜单栏选择"文件""置入"图形。用钢笔工具沿着肩章绘制半个轮廓，如图 3-3-6 所示。

（3）框选两个图形，

图 3-3-6 肩章

鼠标右键"建立剪切蒙版",把剪切蒙版图形放置在袖子上,其他零部件采用同样的方法放置在适当位置,如图 3-3-7所示。

3. 完成职业装的绘制

(1)使用钢笔工具在衣身两侧、门襟、口袋处绘制阴影,在属性面板中调节阴影透明度。

(2)选择实时上色的图形,在菜单栏选择"效果""风格化""投影",给款式图施加投影,完成款式图的绘制,如图 3-3-8 所示。

图 3-3-7 放置肩章

图 3-3-8 职业装(完成图)

第四节　　内衣款式图绘制技法

一、内衣特点

内衣是指贴身穿的衣物，包括背心、汗衫、短裤、抹胸、胸罩等，通常是直接接触皮肤，是现代人必不可少的服饰之一。内衣有保护性和保健性的功效，可分为无钢圈系列和轻型收束系列。内衣按功能性分为三类，收束系列矫形内衣，又称为基础内衣；保健内衣，又称实用内衣；装饰内衣，女性特有的花边装饰，来增强内衣独有的吸引。

二、案例分析和绘制

我们选择一款较为常见的胸罩作为案例讲解内衣的绘制。本款胸罩采用蕾丝面料，所以绘制重点是蕾丝面料的表现。对于蕾丝面料有两种表现方法，一是使用钢笔和几何形工具绘制蕾丝单元，排列组合形成蕾丝面料；二是使用已有的蕾丝面料位图格式图形转化为矢量图形，再根据需要给蕾丝面料改变颜色。无论使用哪种方法，最后我们都需要给蕾丝面料施加投影效果，表现蕾丝面料的镂空效果。

1. 填充基本色

（1）从随书网络教学资源中打开第三章"内衣（线稿图）"文件，如图3-4-1所示。由于我们在前面章节中已经讲过款式图绘制的方法，此部分就不再讲解款式图的线稿绘制，选择款式图，在属性面板设置适当描边值。

（2）框选所有图形，选择菜单栏"对象"下拉框中的"实时上色""建立"，把图形变成实时上色的图形。

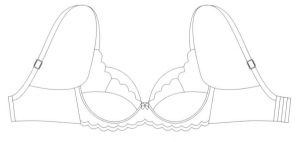

图3-4-1　内衣（线稿图）

（3）工具栏选择"实时上色选择工具"，按住"Shift"键依次选择所有的区域（不要框选）。给选择的区域上底色，颜色值设置：H-249，S-2，B-84，如图3-4-2所示。

图 3-4-2　填充颜色

2. 填充纹理

（1）按住"Shift"键，用"实时上色选择工具"依次选择罩杯区域，如图3-4-3所示。把选择的区域复制一份，如图3-4-4所示。

（2）选择复制的区域，选择菜单栏"效果"下拉框中"素描""半调图案"，弹出半调图案对话框，在对话框中可以预览施加命令以后的效果，根据预览效果调整相应数值。凡是施加半调图案的图形，都是以黑色显示，如图3-4-5所示。

（3）选择施加半调图案的图形，在属性面板中调节透明度，数值可以设置为17%，如图3-4-6所示。把施加过半调图案的图形编组放置在款式图上。

3. 填充图案

（1）菜单栏"文件"下拉框中选择"置入"，从随书网络资源中打开第三章"蕾丝"文件，蕾丝图案会显示在画面中，如图3-4-7所示。

（2）选择蕾丝图案，在属性面板中单击"嵌入"，嵌入以后图形与外部不关联，凡是置入的图形，通常情况下都要"嵌入"。

（3）选择置入的蕾丝图形，在属性面板中选择一种描摹方式，此处我们选择"素

图 3-4-3　选择罩杯区域

图 3-4-4　复制罩杯区域

图 3-4-5　施加半调图案

图 3-4-6　调节透明度

图 3-4-7　蕾丝图案

描图稿"或者其他也可以，保证图形描摹过以后不能差别太大。

（4）图形描摹过以后，单击属性面板中的"扩展"或者在菜单栏中选择"扩展"。扩展以后位图图形转变为矢量图形。选择扩展后的所有图形，鼠标右键连续取消编组，直至不能取消为止，把不需要的线条删除，保留花纹图形，如图3-4-8所示。

（5）选择扩展以后的图形，给其填充基本色，颜色值设置为：H–244，S–21，B–67，如图3-4-9所示。

图3-4-8　扩展蕾丝图形

图3-4-9　填充颜色

（6）用"实时上色选择工具"选择罩杯的一个区域，复制一份。再选择刚刚编辑的蕾丝图案，复制一份。

（7）把复制的罩杯区域放置在蕾丝图案上边，框选两个图形，鼠标右键"建立剪切蒙版"，如图3-4-10所示。

（8）继续选择该图形，选择菜单栏"效果"命令下拉框中"风格化""投影"，勾选预览，调节数值时观察图形变化，透明度数值调的稍低一些，如图3-4-11所示。

图3-4-10　建立剪切蒙版

图3-4-11　增加投影

（9）运用同样方法完成内衣蕾丝面料绘制，如图3-4-12所示。

图 3-4-12　内衣蕾丝面料

4. 绘制阴影

（1）运用"钢笔工具"绘制一个罩杯的图形，图形的底边形状要与罩杯完全一致，绘制时可以先把款式图上所有图形锁定，在款式图上边绘制，如图 3-4-13 所示。

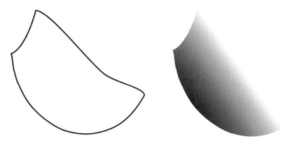

图 3-4-13　绘制阴影形状　　　图 3-4-14　填充阴影渐变

（2）选择绘制的图形，给图形施加渐变色，两个滑块均设置为纯黑色，每一个滑块可以调节透明度，效果如图 3-4-14 所示。

5. 完成内衣绘制

用钢笔工具绘制辑线、内衣扣等细节，线迹造型采用定义画笔图案完成，添加投影，最终效果如图 3-4-15 所示。

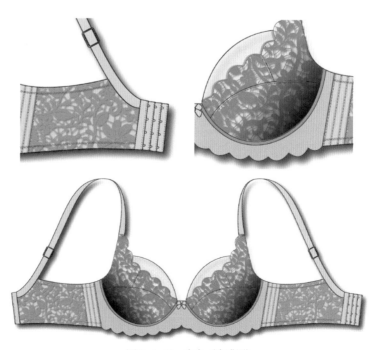

图 3-4-15　内衣（完成图）

第五节　特殊用途服装款式图绘制技法

一、特殊用途服装特点

特种服装是指那些有特殊功能或特殊用途的服装，工作时有特殊要求的场合使用。特殊用途服装种类繁多，由于特殊用途服装追求服装的功能性，并不注重服装的时尚性，所以通常情况下服装款式较为复杂，但服装表面肌理简单，服装款式图更多的是款式造型的绘制。

二、案例分析和绘制

我们绘制一款雨衣作为特殊类服装的案例，雨衣无特殊面料肌理，所以衣身的绘制只需要施加基本色即可。要想表现出雨衣的质感，最重要的是给雨衣添加亮部的高光，比如衣服转折处，明暗交界处。

1. 填充基本色

（1）从随书网络教学资源中打开第三章"雨衣（线稿图）"文件，如图 3-5-1 所示。由于我们在前面章节中已经讲过款式图绘制的方法，此部分就不再讲解款式图的线稿绘制。选择款式图，在属性面板设置描边值。

（2）选择"对象"下拉菜单栏中"实时上色""建立"。

（3）选择工具栏"实时上色选择工具"，给图形填充颜色，如图 3-5-2 所示。

（4）用实时上色选择工具选择袖子部位，不要选择白色反光条，依次按下"Ctrl+C"和"Ctrl+V"键，把该区域复制出来。给复制的袖子再次填充颜色，如图 3-5-3 所示。

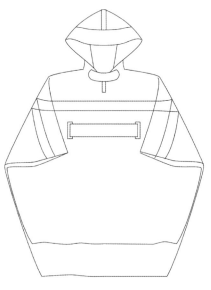

图 3-5-1　雨衣（线稿图）

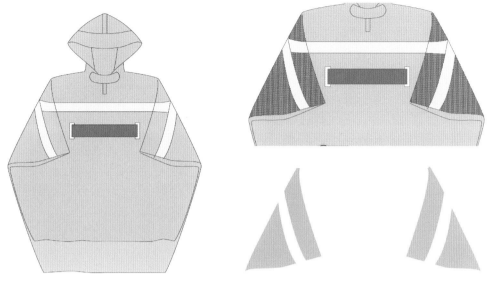

图 3-5-2　填充颜色　　　　　　　　　　　　图 3-5-3　复制袖子

（5）把复制的袖子放回到衣身上，注意调节透明度，如图 3-5-4 所示。

2. 添加阴影及反光

（1）使用画笔工具或者斑点画笔工具绘制阴影部分，如图 3-5-5 所示。

（2）调节阴影透明度，并施加高斯模糊，如图 3-5-6 所示。

（3）使用钢笔工具绘制如图所示白色图形，再用画笔工具绘制白色线条，作为亮部反光，注意调节透明度，如图 3-5-7 所示。

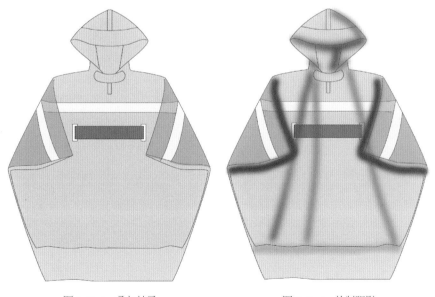

图 3-5-4　叠加袖子　　　　　　　　　　　　图 3-5-5　绘制阴影

图 3-5-6　调节阴影　　　　　　　　　　　　图 3-5-7　绘制反光

3. 完成绘制

使用矩形工具绘制图形作为背景，选择雨衣图形执行菜单栏"效果""风格化""投影"，给图形添加投影，完成绘制，如图 3-5-8 所示。

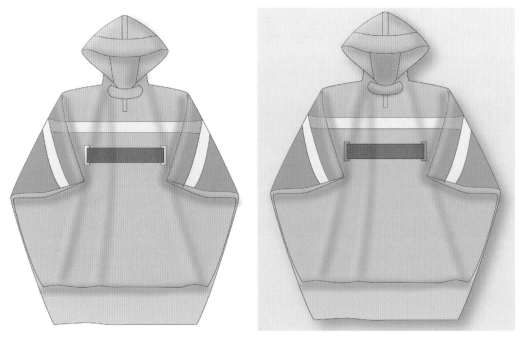

图 3-5-8　雨衣（完成图）

第四章

Adobe Illustrator
服装款式图绘制的应用实践

本章内容：1. 服装展示陈列中的款式图表达。

2. 生产工艺单中的款式图表达。

教学课时：4 课时

教学方式：理论教学、实践教学

教学目的：使学生了解服装款式图在服装企业设计、生产、展示应用
中的异同，从而掌握不同用途的服装款式图具体要求。

服装款式图在服装行业中有多种用途，可以用在服装陈列展示、服装生产工艺单、宣传样册中。不同用途的款式图，具体要求有所差别，比如陈列展示用款式图，不特别要求服装细节的表现；而生产工艺单中的款式图，则要把握准确的服装比例关系，设计细节、工艺结构处理方式都表达清楚与准确。

第一节　服装展示陈列中的款式图表达

服装在商业空间即服装零售店的陈列形式主要有：挂装陈列、叠装陈列、人模陈列、平面展示陈列。借助服装款式图表现陈列的形式主要是挂装陈列、叠装陈列。其中挂装陈列又分为正挂陈列、侧挂陈列。服装款式图在展示陈列中的使用较简单，对于结构、细节要求不高，只要表现出陈列方案所需的效果即可，如图 4-1-1~ 图 4-1-3 所示。

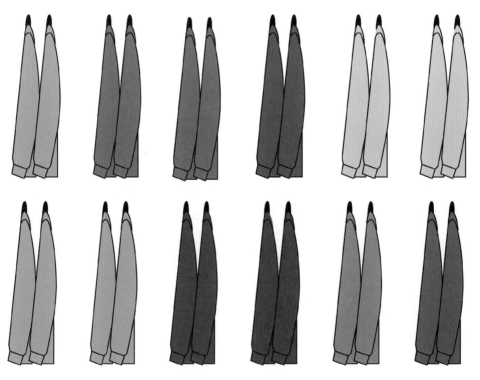

图 4-1-1

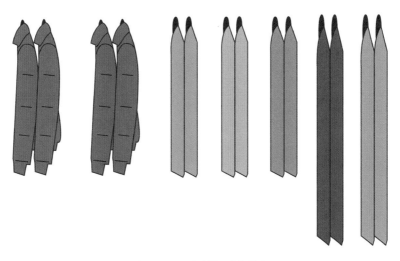

图 4-1-1　侧挂陈列展示图

图 4-1-2　正挂陈列展示图

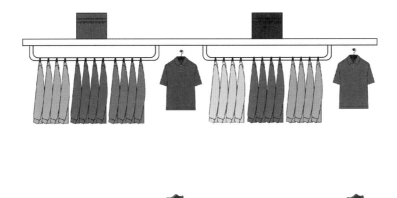

图 4-1-3　陈列展示图

143

第二节　生产工艺单中的款式图表达

服装工艺制单是服装企业不可缺少的一个重要技术文件，它规定某一具体服装款式的工艺要求及技术指标，是服装生产及产品检验的重要依据。内容包括款式图、货品号码、裁剪件数、面辅料用法及说明、机针和线的种类、缝制方法等加工信息。生产工艺单中的款式图充当工艺说明书的作用，服装款式图在表现上更注重服装的款式结构特征，如结构线、省道线、公主线、衣袋、领、袖等基本不可省略，在绘制过程中要把准确的服装比例关系、设计细节特别是加工、缝制、包装等工艺结构处理方式表达准确，用文字提示制作的工艺要求、面料及辅料的要求等。如果需要可以增加侧视图和内视图，有时还需要放大局部细节来突出重要特征。下边我们使用 AI 绘制某服装公司生产工艺单。

【案　　例】生产工艺单
【使用工具】文字工具、标尺、参考线、钢笔工具、实时上色工具

一、绘制表格

（1）选择菜单栏"视图""标尺""显示标尺"，画面的上方及左方会显示标尺，默认状态下标尺尺寸为毫米。把鼠标放置在标尺上，单击鼠标右键可选择标尺单位，如图 4-2-1 所示。把鼠标放置在标尺的左上角，单击鼠标不松，拖动鼠标至画板的左上角，松开鼠标，标尺尺度是以画板的左上角为起点，如图 4-2-2 所示。

（2）以标尺的尺寸为参考可以绘

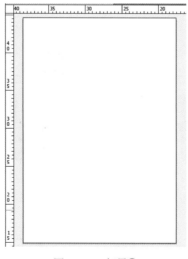

图 4-2-1　标尺①

图 4-2-2　标尺②

制需要的表格，也可以精确的绘制款
式图。表格的绘制有多种方式，一是
用"直线段工具"参考标尺尺寸绘制
线段组成表格，二是用"直线段工具"
中隐藏的"矩形网格工具"绘制表格。
选择"矩形网格工具"，单击画板空白
处，弹出"矩形网格工具选项"对话
框，如图4-2-3所示。在对话框中设
置水平线、垂直线数量，单击确定，
画面中生成矩形网格，如图4-2-4所
示。

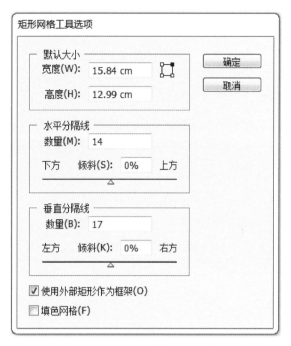

图4-2-3　矩形网格工具对话框

（3）矩形网格由直线段组成，可
以用"直线选择工具"对每一条线段
进行编辑，包括删除、增加、缩短、
加长。可以用"选择工具"对整个表
格进行编辑，调整后的表格如图4-2-5
所示。

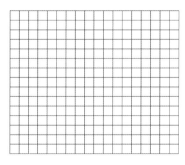

图4-2-4　矩形网格

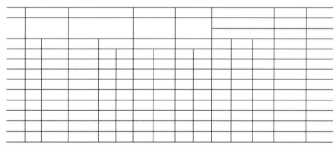

图4-2-5　绘制表格

二、文字编辑工具

当表格绘制完成以后，接下来主要是文字编辑，工具栏"文字工具"下共有六种
文字编辑工具。下边详细介绍文字编辑工具的使用方法。

（1）"文字工具"：选择"文字工具"，单击画面，光标会插入单击处，直接输入
文字即可，当需要另起一行时，直接按回车键，如图4-2-6所示。

当一段文字输入完毕后，可以用"选择工具"选择文字，在属性面板中选择相应项对文字的"字体""字号""字符""段落"等进行编辑，功能类似于 Word。

当要对段落中的一部分文字进行编辑时，选择"文字工具"，在段落任意处单击，即可继续输入文字。也可以选择"文字工具"，然后在段落中拖动鼠标，选择一部分文字，配合属性面板，可以对选中部分文字进行编辑。

当一段文字输入后，可以选择"选择工具"，在画面中单击一下，此时这段文字输入完毕，再次选择"文字工具"在画面中其他地方继续输入文字，此时输入的文字和刚才输入的文字不关联。

（2）"区域文字工具"："区域文字工具"是指文字只能输入到特定的区域内。比如用钢笔工具绘制了一个不规则的区域，如图 4-2-7 所示。

XXXXXXXXXXXXXXXXXXXXXXXXXXX
XXXXXXXXXXXXXXXXXXXXXXXXXXX
XXXXXXXXXXXXXXXXXXXXXXXXXXX
XXXXXXXXXXXXXXXXXXXXXXXXXXX
XXXXXXXXXXXXXXXXXXXXXXXXXXX
XXXXXXXX

图 4-2-6　文字编辑①　　　　　　　　　图 4-2-7　绘制不规则区域

选择"文字区域工具"，把光标插入在图形的任意边缘，输入文字，此时文字始终在区域内，当文字输入以后，原来的边缘轮廓会消失，如图 4-2-8 所示。

（3）"路径文字工具"："路径文字工具"是指文字只能输入到特定的路径上。仍然用钢笔工具绘制一个路径，我们可以使这个路径和刚才的图形一样，如图 4-2-9 所示。此时我们不选择"区域文字工具"，而是选择"路径文字工具"，鼠标点击路径任意位置，把光标插入到路径上，输入文字观察变化，如图 4-2-10 所示。

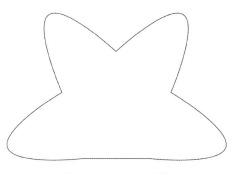

图 4-2-8　文字编辑②　　　　　　　　　图 4-2-9　不规区图形

由于此时图形实质是一条路径，所以当图形不合适时，可以使用"直接选择工具"调节路径，当路径发生变化时，文字位置也随之发生变化。

（4）文字工具后边的三种工具和前边工具使用方法一样，只是原来是横排，现在是直排，如图 4-2-11 所示。

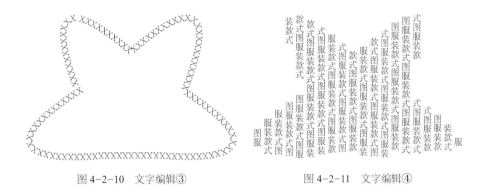

图 4-2-10　文字编辑③　　　　　　　图 4-2-11　文字编辑④

三、生产工艺单填写

（1）当我们把表格绘制完毕后，可以把表格锁定，选择"文字工具"依次输入文字即可，在输入文字过程中，如果表格不合适，可以解锁，运用"直接选择工具"调节表格，如图 4-2-12 所示。

客户	生产单号	款号/款名	主标款号	部位	坯布		克重	成分

图 4-2-12　文字输入①

（2）运用基本文字工具继续输入文字，如图 4-2-13 所示。

（3）运用"基本文字工具""矩形网格工具"，编辑下半部分表格及文字，如图 4-2-14 所示，完成工艺单表格及文字部分。

客户	生产单号		款号 / 款名			主标款号		部位		坯布			克重	成分
KAS	09WL17650		30NSGB008F18			135267		大身		棉毛			180gsm	100% 棉
			底裆带扣上衣					拉边		氨纶罗纹				97% 棉 3% 氨纶
批次	配色	国家	PO 号	尺码 / 配比数量（包）							配比包数（包）	国家合计数量（包）	批次合计数量（包）	交期

客户	生产单号		款号 / 款名			主标款号		部位		坯布			克重	成分
AAA	09WL15896		30NSGB008F18			135267		大身		棉毛			180gsm	100% 棉
			底裆带扣上衣					拉边		氨纶罗纹				97% 棉 3% 氨纶
批次	配色	国家	PO 号	尺码 / 配比数量（包）							配比包数（包）	国家合计数量（包）	批次合计数量（包）	交期
				00	00	00	00	00	00	0				
第一批	A	XXX	1256986	XX	XX	XX	XX	XX	XX	XX	XX	XXX	XX	2011.02.03
		AAA	1256987	XX	XX	XX	XX	XX	XX	XX	XX	XXX		
	B	XXX	1256986	XX	XX	XX	XX	XX	XX	XX	XX	XXX	XX	
		AAA	1256987	XX	XX	XX	XX	XX	XX	XX	XX	XXX		
第二批	A	XXX	1256986	XX	XX	XX	XX	XX	XX	XX	XX	XXX	XX	2011.02.03
		AAA	1256987	XX	XX	XX	XX	XX	XX	XX	XX	XXX		
	B	XXX	1256986	XX	XX	XX	XX	XX	XX	XX	XX	XXX	XX	
		AAA	1256987	XX	XX	XX	XX	XX	XX	XX	XX	XXX		

图 4-2-13　文字输入②

XXXXXXXXX 服饰有限公司
生产工艺单

生产单号：
客户款号：

客户	生产单号	款号/款名	主标款号	部位	坯布	克重	成分
AAA	09WL15896	30NSGB008F18	135267	大身	棉毛	180gsm	100% 棉
		底裆带扣上衣		拉边	氨纶罗纹		97% 棉 3% 氨纶

批次	配色	国家	PO 号	尺码/配比数量（包）							配比包数（包）	国家合计数量（包）	批次合计数量（包）	交期
				00	00	00	00	00	00	0				
第一批	A	XXX	1256986	XX	XX	XX	XX	XX	XX	XX	XX	XXX	XX	2011.02.03
		AAA	1256987	XX	XX	XX	XX	XX	XX	XX	XX	XXX		
	B	XXX	1256986	XX	XX	XX	XX	XX	XX	XX	XX	XXX	XX	
		AAA	1256987	XX	XX	XX	XX	XX	XX	XX	XX	XXX		
第二批	A	XXX	1256986	XX	XX	XX	XX	XX	XX	XX	XX	XXX	XX	2011.02.03
		AAA	1256987	XX	XX	XX	XX	XX	XX	XX	XX	XXX		
	B	XXX	1256986	XX	XX	XX	XX	XX	XX	XX	XX	XXX	XX	
		AAA	1256987	XX	XX	XX	XX	XX	XX	XX	XX	XXX		

	配色	大身	拉边	五爪扣	缝纫线	印绣花
配色表	YY	YYYYYYYYYYYYY	YYYYYYYYYYYY	YYYYYYY	YYYYY	YYYYY
	YY	YYYYYYYYYYYYY	YYYYYYYYYYYY	YYYYYYY	YYYYY	— YYYYY
	YY	YYYYYYYYYYYYY	YYYYYYYYYYYY	YYYYYYY	YYYYY	— YYYYY
	YY	YYYYYYYYYYYYY	YYYYYYYYYYYY	YYYYYYY	YYYYY	YYYYY
	YY	YYYYYYYYYYYYY	YYYYYYYYYYYY	YYYYYYY	YYYYY	— YYYYY
	YY	YYYYYYYYYYYYY	YYYYYYYYYYYY	YYYYYYY	YYYYY	— YYYYY

款式描述	ZZZZZZZZZZZZZZZZZZZZZZZZZZZZZZZZZZZZZZZZZZZZZZZZZZZZZZZZZZZZZZZZZZZZZZZZZZZZZZZZZZZZZZZZZZZZZZZZZZZZZZZZZZZZZZZZZZZZZZZZZZZZZZZ

品控	ZZZZZZZZZZZZZZZZZZZZZZZZZZZZZZZZZZZZZZZZZZZZZZZZZZZZZZZZZZZZZZZZZZZZZZZZZZZZZZZZZZZZZZZZZZZZZZZZZZZZZZZZZZZZZZZZZZZZZZZZZZZZZZZ

发单方：FFFFFFFFFF
经办人：WWWWW

生产方：HHHHHHHHH

制单日期：

图 4-2-14　文字输入③

（4）运用前边章节所学知识，绘制服装款式图，如图 4-2-15 所示。

（5）运用文字工具、画笔库工具完成文字说明，如图 4-2-16 所示。

图 4-2-15　款式图

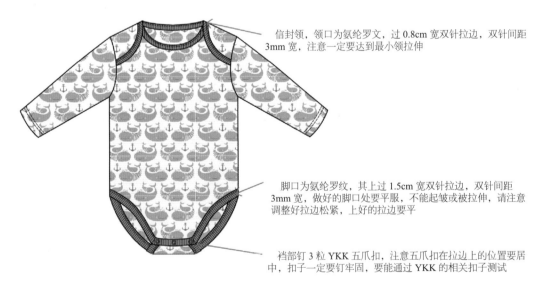

信封领，领口为氨纶罗文，过 0.8cm 宽双针拉边，双针间距 3mm 宽，注意一定要达到最小领拉伸

脚口为氨纶罗纹，其上过 1.5cm 宽双针拉边，双针间距 3mm 宽，做好的脚口处要平服，不能起皱或被拉伸，请注意调整好拉边松紧，上好的拉边要平

裆部钉 3 粒 YKK 五爪扣，注意五爪扣在拉边上的位置要居中，扣子一定要钉牢固，要能通过 YKK 的相关扣子测试

图 4-2-16　文字说明

（6）把绘制的款式图和文字说明放置到工艺单中，完成工艺单制作，如图 4-2-17 所示。

XXXXXXXXX 服饰有限公司
生产工艺单

生产单号：
客户款号：

客户	生产单号	款号/款名		主标款号	部位	坏布	克重	成分
AAA	09WL15896	30NSGB008F18		135267	大身	棉毛	180gsm	100% 棉
		底裆带扣上衣			拉边	氨纶罗纹		97% 棉 3% 氨纶

批次	配色	国家	PO号	尺码/配比数量（包）							配比包数（包）	国家合计数量（包）	批次合计数量（包）	交期
				00	00	00	00	00	00	0				
第一批	A	XXX	1256986	XX	XX	XX	XX	XX	XX	XX	XX	XXX	XX	2011.02.03
		AAA	1256987	XX	XX	XX	XX	XX	XX	XX	XX	XXX		
	B	XXX	1256986	XX	XX	XX	XX	XX	XX	XX	XX	XXX	XX	
		AAA	1256987	XX	XX	XX	XX	XX	XX	XX	XX	XXX		
第二批	A	XXX	1256986	XX	XX	XX	XX	XX	XX	XX	XX	XXX	XX	2011.02.03
		AAA	1256987	XX	XX	XX	XX	XX	XX	XX	XX	XXX		
	B	XXX	1256986	XX	XX	XX	XX	XX	XX	XX	XX	XXX	XX	
		AAA	1256987	XX	XX	XX	XX	XX	XX	XX	XX	XXX		

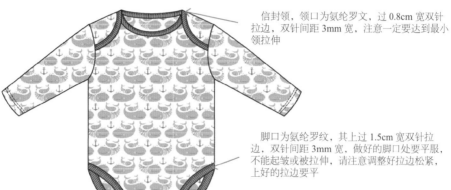

信封领，领口为氨纶罗文，过 0.8cm 宽双针拉边，双针间距 3mm 宽，注意一定要达到最小领拉伸

脚口为氨纶罗纹，其上过 1.5cm 宽双针拉边，双针间距 3mm 宽，做好的脚口处要平服，不能起皱或被拉伸，请注意调整好拉边松紧，上好的拉边要平

裆部钉 3 粒 YKK 五爪扣，注意五爪扣在拉边上的位置要居中，扣子一定要钉牢固，要能通过 YKK 的相关扣子测试

	配色	大身	拉边	五爪扣	缝纫线	印绣花
配色表	YY	YYYYYYYYYYYY	YYYYYYYYYYYY	YYYYYYY	YYYYY	— YYYYY
	YY	YYYYYYYYYYYY	YYYYYYYYYYYY	YYYYYYY	YYYYY	— YYYYY
	YY	YYYYYYYYYYYY	YYYYYYYYYYYY	YYYYYYY	YYYYY	— YYYYY
	YY	YYYYYYYYYYYY	YYYYYYYYYYYY	YYYYYYY	YYYYY	YYYYY
	YY	YYYYYYYYYYYY	YYYYYYYYYYYY	YYYYYYY	YYYYY	— YYYYY
	YY	YYYYYYYYYYYY	YYYYYYYYYYYY	YYYYYYY	YYYYY	— YYYYY

款式描述	ZZZZZZZZZZZZZZZZZZZZZZZZZZZZZZZZZZZZZZZZZZZZZZZZZZZZZZZZZZZZZZZZZZZZZZZ ZZZZZZZZZZZZZZZZZZZZZZZZZZZZZZZZZZZZZZZZZZZZZZZZZZZZZZZZZZZZZZZZZZZZZZZ ZZZZZZZZZZZZZZZZZZZ
品控	ZZZZZZZZZZZZZZZZZZZZZZZZZZZZZZZZZZZZZZZZZZZZZZZZZZZZZZZZZZZZZZZZZZZZZZZ ZZZZZZZZZZZZZZZZZZZZZZZZZZZZZZZZZZZZZZZZZZZZZZZZZZZZZZZZZZZZZZZZZZZZZZZ ZZZZZZZZZZZZZZZZZZZ

发单方：FFFFFFFFFF	生产方：HHHHHHHHHH
经办人：WWWWW	
	制单日期：

图 4-2-17　工艺单

参考文献

［1］胡明．Illustrator 平面设计与制作［M］．上海：上海交通大学出版社，2014.

［2］黑马程序员．Illustrator CS6 设计与应用任务教程［M］．北京：中国铁道出版社，2017.

［3］斯库特尼卡．服装款式图技法［M］．北京：中国纺织出版社，2013.

［4］高亦文，孙有霞．服装款式图绘制技法［M］．上海：东华大学出版社，2013.

［5］张静．Adobe Illustrator 服装效果图绘制技法［M］．上海：东华大学出版社，2014.